园林规划与景观设计研究

初世强　罗珊珊　谭文辉◎著

吉林科学技术出版社

图书在版编目（CIP）数据

园林规划与景观设计研究 / 初世强，罗珊珊，谭文辉著. -- 长春 ：吉林科学技术出版社，2023.5
ISBN 978-7-5744-0541-7

Ⅰ．①园… Ⅱ．①初… ②罗… ③谭… Ⅲ．①园林—规划②景观设计 Ⅳ．①TU986

中国国家版本馆CIP数据核字(2023)第103751号

园林规划与景观设计研究

作　　者	初世强　罗珊珊　谭文辉
出 版 人	宛　霞
责任编辑	乌　兰
幅面尺寸	185 mm×260mm
开　　本	16
字　　数	272 千字
印　　张	12
版　　次	2023 年 5 月第 1 版
印　　次	2023 年 5 月第 1 次印刷

出　　版	吉林科学技术出版社
发　　行	吉林科学技术出版社
地　　址	长春市净月区福祉大路 5788 号
邮　　编	130118

发行部电话/传真　　0431-81629529　81629530　81629531
　　　　　　　　　　　81629532　81629533　81629534

储运部电话　0431-86059116

编辑部电话　0431-81629518

印　　刷　北京四海锦诚印刷技术有限公司

书　　号	ISBN 978-7-5744-0541-7
定　　价	75.00 元

前　言

　　随着城市建设的发展，人们越来越重视环境，特别是环境的美化，园林建设已成为城市美化的一个重要组成部分。园林不仅在城市的景观方面发挥着重要功能，而且在生态和休闲方面也发挥着重要功能。城市园林的建设越来越受到人们重视，许多城市提出了要建设国际花园城市和生态园林城市的目标，加强了新城区的园林规划和老城区的绿地改造，促进了园林行业的蓬勃发展。园林景观设计是由人与环境互动而逐渐产生的被感知到的视觉形态物以及人与环境的相互关系。而园林景观设计学作为一门综合性的学科，不仅是空间的艺术，更是视觉的艺术。园林景观的设计离不开人的视觉、心理和行为，它们之间是相互作用和相互影响的。人们对世界的最直观理解就来源于视觉，人们通过眼睛来观察、认识周围的环境和事物，用心感受环境和空间，并且从环境中不断获得指导行为的方法，而环境必须通过人的视觉和心理感知来满足人的行为要求。不断推进的工业化进程不仅加快了人类改造自然的步伐，也加快了人类对自然环境的破坏。当人们应用各种现代科学技术成果为生活带来方便和舒适的同时，也导致沙漠化等各种环境问题的日益严重。随着城市可持续发展理念的提出，生态理念被引入城市建设中，并指导城市生态环境保护的建设和实施。生态理念在景观设计中的广泛应用使城市景观生态设计得以实现并逐步成为一种设计趋势。

　　本书从园林规划设计理论基础介绍入手，针对园林景观的构成要素、景观规划设计的原则以及园林景观组景手法进行了分析研究；另外对景观植物的配置与造景、居住区及单位附属绿地景观规划设计做了一定的介绍；还对城市生态水景观设计及城市景观设计中蕴含的生态审视做了简要分析，旨在摸索出一条适合园林规划与景观设计工作创新的科学道路，帮助其工作者在应用中少走弯路，运用科学方法，提高效率。

　　在本书的撰写过程中，参阅、借鉴和引用了国内外许多同行的观点和成果。各位同仁的研究奠定了本书的学术基础，对园林规划与景观设计的研究提供了理论基础，在此一并感谢。另外，受水平和时间所限，书中难免有疏漏和不当之处，敬请读者批评指正。

作者

目　录

第一章　园林规划设计理论基础

第一节　园林概述

一、中国古典园林发展概况

（一）生成期

中国古典园林产生和成长的幼年时期，相当于殷商、周、秦、汉时期，儒学逐渐获得正统地位，以地主小农经济为基础的封建大帝国形成，园林从一种纯原自然形式、没有任何人工痕迹的"囿"发展到"三山五池"，从一种纯物质层面的追求发展到物质和精神层面共同存在的追求。

（二）转折期

中国古典园林的转折期相当于魏晋南北朝时期。小农经济受到冲击，寺观园林开始兴起，园林中人工的痕迹增多，并掺入了人的主观思想，在此基础上初步确立了园林美学思想，奠定了中国风景式园林大发展的基础。

（三）全盛期

中国古典园林的全盛期相当于隋唐时期。中央集权的官僚机构更加健全、完善，思想上百家争鸣、互补共尊，园林的发展也相应进入盛年期。作为一个园林体系，它所具有的风格特征已经基本上形成，成为世界园林中独树一帜的宝贵财富，一定程度上影响了世界园林的发展，尤其对东方园林的发展产生了非常大的影响。

（四）成熟期

中国古典园林的成熟期相当于两宋到清中叶。封建文化的发展虽已失去汉、唐的闳放风度，但转化为在日愈缩小的精致境界中实现从整体到细节的自我完善。相应地，园林的发展亦由盛年期升华到富于创造进取精神的完全成熟的境地。一种源于自然、高于自然的自然山水，融人的情感、自然景观为一体的园林形式呈现在人们的面前。

（五）成熟后期

中国古典园林的成熟后期相当于清中叶到清末。园林的发展，一方面继承前一时期的成熟传统而更趋于精致，表现了中国古典园林的辉煌成就；另一方面，则暴露出某些颓废的倾向，已多少丧失前一时期的积极、创新精神。清末民初，封建社会完全解体，历史发生剧烈变化，西方文化大量涌入，中国园林的发展亦相应地发生了根本性的变化，结束了它的古典时期，开始了现代园林的发展阶段。

二、中国古典园林的特点

中国古典园林作为东方园林体系的代表，与世界上其他园林体系相比多具有鲜明的个性。而它的各个类型之间，又有着许多的共性，可以概括为以下四个方面。

（一）本于自然、高于自然

自然风景以山、水为地貌基础，以植被做装点。山、水、植物乃是风景园林的构景要素，但中国古典园林绝非一般地利用或简单地模仿这些构景要素的原始状态，而是有意识地加以改造、调整、加工、剪裁，从而表现一个精练概括的典型化的自然。唯其如此，像颐和园那样的大型天然山水园才能够把具有典型性格的江南湖山景观在北方的大地上复现出来。这就是中国古典园林的一个最主要的特点——本于自然而又高于自然。这个特点在人工山水园的筑山、理水、植物配植方面表现得尤为突出。

（二）建筑美与自然美的融糅

古典建筑斗拱梭柱，飞檐起翘，具有庄严雄伟、舒展大方的特色。它不只以形体美为游人所欣赏，还与山水林木相配合，共同形成古典园林风格。以楼台亭阁、轩馆斋榭为空间主景，以廊架为联系，进行园林空间的分隔和联系，经过建筑师巧妙的构思，运用设计手法和技术处理，把功能、结构、艺术统一于一体，成为古朴典雅的建筑艺术品。它的魅力来自体量、外形、色彩、质感等因素，加之室内布置陈设的古色古香、外部环境的和谐统一，更加强了建筑美的艺术效果。美的建筑、美的陈设、美的环境，彼此依托而构成佳景。在总体布局上，通过对应、呼应、映衬、虚实等一系列艺术手法，造成充满节奏和韵律的园林空间，居中可观景，观之能入画。

（三）诗画的情趣

文学是时间的艺术，绘画是空间的艺术。园林的景物既需"静观"，也要"动观"，即在游动、行进中领略观赏，故园林是时空综合的艺术。中国古典园林的创作，能充分地把握这一特性，运用各个艺术门类之间的触类旁通，熔铸诗画艺术于园林艺术，使得园林从总体到局部都包含着浓郁的诗画情趣。在园林中不仅把前人诗文的某些境界、场景以具体的形象复现出来，或者运用景名、匾额、楹联等文学手段对园景做直接或间接的点题，而且还借鉴文学艺术的章法、手法使得规划设计颇具类似文学艺术的结构。

（四）意境的含蕴

意境是中国园林艺术创作和欣赏的一个重要美学范畴，也就是说，把主观的感情、理念熔铸于客观生活、景物之中，从而引发鉴赏者的感情共鸣和理念联想。游人获得园林意境带来的快感，不仅通过视觉官能的感受或者借助于古人的书法创作、文学创作、神话传说、历史典故等的感受，而且还通过听觉、嗅觉的感受，诸如丹桂飘香、雨打芭蕉、流水叮咚，乃至柳浪松涛的天籁清音，引发意境的遐思。如拙政园的见山楼有陶渊明的名句："采菊东篱下，悠然见南山。"

三、中国古典园林的类型

（一）北方园林

中国北方园林指的是以北京为中心分布的大量皇家园林，其最突出的特点是这些园林明显地表现了皇家气派。主要体现在建筑上，形象稳重、敦实，体量较大，多采用红色、黄色等高纯度的暖色调，显示一种权力的至高无上。主要代表作品就是著名的承德避暑山庄和北京的"三山五园"，即香山的静宜园、玉泉山的静明园、万寿山的清漪园（颐和园）以及附近的畅春园、圆明园。

（二）江南园林

江南园林是指分布于长江中下游以南地区的园林，以苏州、扬州、无锡、上海、常熟、南京等城市为主，其中以苏州、扬州为最，也最具代表性。江南园林植物种类较多，四季景观丰富；建筑形象玲珑轻盈，气质柔媚，色彩淡雅，体量较小，变化丰富，能够很好地和周围环境相协调；置石主要采用太湖石、黄石，如苏州留园中的冠云峰是我国的四大石之一，就是用太湖石堆叠而成。总之，江南深厚的文化积淀、高雅的艺术格调和精湛的造园技巧居于三大地方风格之首，达到在有限的空间内创造无限意境的高超境界。它的代表作为"江南四大名园"——瞻园、留园、拙政园、寄畅园。

（三）岭南园林

岭南是指我国南方五岭之南的广大地区，其范围主要涉及广东、福建南部、广西东部及南部。岭南园林以宅院为主，多为庭院与宅院的组合，建筑物体量偏大，楼房又较多，故略显壅塞，深邃幽奥有余而开朗之感不足，形象上以装饰、雕塑、细木雕工见长。岭南园林的代表作品有"粤中四大名园"：顺德的清晖园、东莞的可园、番禺的余商山房、佛山的梁园。岭南园林受西洋的影响较多一些，不仅某些局部和细部的做法如西洋式的石栏杆、西洋进口的套色玻璃和雕花玻璃等，甚至个别园林的规划布局亦能看到欧洲规则式园林的模仿迹象。

四、中国现代园林的发展

中国现代园林的发展道路是曲折的。随着改革开放的大潮，西方的价值观和审美情趣也随之侵入，中国现代园林曾一度掀起盲目模仿西方的浪潮，在中国大地上出现了大广场、大喷泉、景观大道等"形象类"的景观现象。但随着现代园林的发展，我国的现代园林设计理念逐渐成熟，也涌现出了大批的园林人才。中国现代园林的发展趋势应该是继承中国古典园林的精华，吸收西方的价值观和审美情趣，根据新工艺、新材料，创造具有中国民族特色的生态园林。

五、世界园林的发展方向

绿化是基础，美化是园林的一种重要功能，而生态化是现代园林进行可持续发展的根本出路，是 21 世纪社会发展和人类文明进步不可缺少的重要一环。人类渴望自然，城市呼唤绿色，园林绿化发展就应该以人为本，充分认识和确定人的主体地位及人与环境的双向互动关系，强调把关心人、尊重人的宗旨具体体现为在城市园林的创造中满足人们的休闲、游憩和观赏的需要，使人、城市和自然形成一个相互依存、相互影响的良好生态系统。生态化园林应该体现在以下三方面：一是城市绿地分布要均匀，形成一个由绿地、绿廊、绿网构成的综合绿地系统。扩大城市公共绿地的服务半径，特别是城市中心区、旧城区和居民区应该加强绿地建设，让更多的市民都能受益。二是规划设计要做到"因地制宜，突出特色，风格多样，量力而行"，尊重当地原有的地形、地貌、水体和生态群落，尽量采用和保留原有的动植物和微生物，引入植物要与当地特定的生态条件和景观环境相适应。硬质铺装要少，而且要使地面水能充分渗透到地下，以加强生态系统的稳定性和自身维护能力，还能节约大量的维护费用。三是植物配置要形成以乔木为主，乔、灌、藤、花、草相结合的复层混交绿化模式。以"林荫型绿化"为主导，加强道路、小区、游园及广场的遮阴效果，增新绿地的色彩，为市民提供距离合适、景观优美、绿化充分、环境宜人的生活和工作环境；变"平面型绿化"为"立体型绿化"，扩展绿化的范围，发展垂直绿化、屋顶绿化、阳台绿化，加强植物新品种的开发、研究和应用，增加城市绿化量，美化城市景观，构造城市空间的多层次绿化格局。

总之，园林的生态化是要使园林植物在城市环境中合理再生、增加积蓄和持续利用，形成城市生态系统的自然调节能力，起到改善城市环境、维护生态平衡、保证城市可持续发展的主导和积极作用。园林、城市、人三者之间只有相互依存、融为一体，才能真正充分满足人类社会生存和发展的需求。

第二节　城市园林绿地系统概述

一、城市园林绿地系统的功能

为做好园林规划设计，科学地评定园林绿地的质量标准，很有必要对园林绿地的功能有一个比较清晰的了解和认识。园林绿地的功能可归纳为以下三方面。

（一）生态效益

1. 调节温度

园林绿地对温度的影响主要表现在物体表面温度、气温和太阳辐射温度。园林绿地对物体表面温度及气温的调节特征主要表现为：夏季的绿地表面温度比裸露的土地、铺装路面、建筑物等低，气温效应亦然。在冬季其表现则反之。森林的蒸腾作用须要吸收大量热能，1公顷生长旺盛的森林，每年要蒸腾8000吨水，蒸腾这些水要消耗热量167.5亿千焦，从而使森林上空的温度降低。草坪也有较好的降温效果。根据测定，夏季的草坪表面温度比裸露的地表温度低6~7℃，比沥青路面低8~20.5℃；墙面在垂直绿化前后的表面温度温差为5.5~14℃；而冬季的草坪足球场的表面温度较泥土足球场高4℃。对气温的调节而言，夏季的林地树荫处的气温比无林地的气温低3~5℃，比建筑物区域低10℃左右。草坪上气温比裸露土地低2℃左右。而冬季的林地气温较无林地区域的气温高0.1~0.5℃。上述数据表明，园林绿地能有效地调节物体表面温度及气温，从而给人们创造一个冬暖夏凉的环境。

2. 调节湿度

绿色植物，尤其是乔木林，具有较强的蒸腾作用，使绿地区域空气的相对湿度和绝对湿度都比未绿化区域大。据测定，1公顷阔叶林在夏季可蒸腾2500吨水，比同等面积的裸露土地蒸发量高20倍。1公顷的油松林日蒸腾水量为40~56吨，1公顷加拿大白杨每日蒸腾量为57吨。夏季园林绿地的相对湿度较非绿地高10%~20%。因此绿地是大自然中最理想的"空调器"。

3. 调节气流

绿化植树对减低风速的作用是明显的，且随着风速的增大效果更好。气流穿过绿地时，树木的阻截、摩擦和过筛作用将气流分成许多小涡流，这些小涡流方向不一，彼此摩擦，消耗了气流的能量。因此绿地中的树木能使强风变成中等风速，中等风速变成微风。据测定，夏秋季能降低风速50%~80%，而且绿地里平静无风的时间比无绿地的要长；冬季能降低风速20%，减少了暴风的吹袭。

绿化降低风速的作用，还表现在它所影响的范围，可影响到其高度的10~20倍。在林带高度1倍处，可降低风速60%，10倍处降低20%~30%，20倍处可降低10%。

4. 吸收二氧化碳，放出氧气

城市由于燃料的燃烧和人的呼吸作用，空气中二氧化碳的浓度一般大于郊区，对人体健康不利。当空气中二氧化碳浓度达到0.05%时，人的呼吸就感不适；达到0.2%~0.6%时，对人体就有害了；超过10%时，就可导致人窒息而亡。

绿色植物通过光合作用，能从空气中吸收二氧化碳，放出氧气。据测定，1公顷公园绿地每天能吸收900千克的二氧化碳并生产600千克氧气；1公顷阔叶树林在生长季节每天可吸1000千克的二氧化碳和生产750千克氧气，可供1000人一天呼吸所用。因此，增加城市中的园林绿地面积可有效解决城市中二氧化碳过量和氧气不足等问题。

5. 吸收有害气体

城市绿化植物对许多有毒气体具有吸收净化作用，几乎所有的植物都能吸收一定量的有毒气体。城市空气中有毒气体种类很多，量最大的是二氧化硫和烟尘，其他主要有氟化氢、氮氧化物、氯、一氧化碳、臭氧以及汞、铅等气体。利用绿地防止或减轻有毒气体的危害是城市环境保护的一项重要措施。实验数据表明：松林每天可从1立方米空气中吸收20毫克的二氧化硫；1公顷柳杉每天能吸收60千克的二氧化硫。上海园林局的研究表明，臭椿和夹竹桃，不仅抗二氧化硫的能力强，并且吸收能力也强。臭椿在二氧化硫污染情况下，叶中含硫量可达正常含硫量的29.8倍，夹竹桃可达8倍。其他如珊瑚树、紫薇、石榴、菊花、棕榈、牵牛花等也有较强的吸硫能力。对二氧化硫抗性强的树种有珊瑚树、大叶黄杨、女贞、广玉兰、夹竹桃、罗汉松、龙柏、槐树、臭椿、构树、桑树、梧桐、泡桐、喜树、紫穗槐等。

6. 吸滞尘埃

城市空气中含有大量的粉尘、烟尘等尘埃，给人们健康带来了不利影响。城市绿化植物对灰尘有阻滞、过滤和吸附作用。不同的绿色植物对灰尘的阻滞吸附能力差异很大。这与叶片形态结构、叶面粗糙程度、叶片着生角度以及树冠大小、疏密度、生长季节等因素有关。研究表明，吸滞粉尘能力强的树种，在我国北部地区有刺槐、沙枣、国槐、榆树、核桃、构树、侧柏、圆柏、梧桐等，在中部地区有榆树、朴树、木槿、梧桐、泡桐、悬铃木、女贞、荷花、玉兰、臭椿、龙柏、夹竹桃、构树、槐树、桑树、紫薇、刺槐、丝棉木、乌桕等，在南部地区有构树、桑树、鸡蛋花、黄槿、羽叶垂花树、黄槐、小叶榕、黄葛榕、高山榕、夹竹桃等。

7. 杀菌作用

空气中有大量的细菌、病原菌等微生物，不少是对人体有害的病菌，时刻侵袭着人体，直接影响人们的身体健康，而绿地植物能有效地吸附尘埃，进而减少空气中细菌的传播。其中一个重要的原因是许多植物的芽、叶、花粉能分泌出具有杀死细菌、真菌和原生动物的挥发物质，即杀菌素。因此，增加园林绿地可减少空气中的细菌含量。城市中绿化区域与没有绿化的街道相比，每立方米空气中的含菌量要减少85%以上。例如，在繁华的王府井大街，每立方米空气中有几十万个细菌，而在郊区公园只有几千个。

具有较强杀菌能力的树种有悬铃木、紫薇、圆柏等，所以在疗养院的选址及树种选择上，应充分考虑绿化效能，以求更大限度地发挥杀菌作用。

8. 降低噪声

噪声是一种声波，也是一种特殊的环境污染，当强度超过70分贝时，就会使人产生头昏、头痛等病症，严重影响人们的生活和休息。城市噪声污染主要来源于交通运输、工业机器和社会生活噪声，而城市绿化植被对声波有散射、吸收作用。如郁闭度为60%~70%、高9~10米的林带可减少噪声7分贝；高大稠密的宽林带可降低噪声5~8分贝；乔、灌、草地相结合的绿地平均可以降低噪声5分贝；草坪的减弱噪声的作用也很明显。40米宽的林带可降低噪声10~15分贝；高6~9米的绿带平均能减弱噪声10~13分贝；一条宽10米的绿化带可降低噪声20%~30%。因此绿色植物又被称为"绿色消声器"。

9. 净化水体

城市水体污染源，主要有工业废水、生活污水、降水径流等。工业废水和生活污水在城市中多通过管道排出，较易集中处理和净化。而大气降水形成地表径流，冲刷和带走了大量地表污物、其成分和水的流向难以控制，许多则渗入土壤，继续污染地下水。研究表明，园林树木可以吸收水中的溶解质，减少水中含菌数量。30~40 米宽林带树根可将 1 升水中的含菌量减少 50%。许多水生植物和沼生植物对净化城市污水有明显作用。比如在种有芦苇的水池中，其水的悬浮物减少 30%，氯化物减少 90%，有机氮减少 60%，磷酸盐减少 20%，氨减少 66%。另外，草地可以大量滞留许多有害的金属，吸收地表污物；树木的根系可以吸收水中的溶解质，减少水中细菌含量。

10. 净化土壤

植物的地下根系能吸收大量有害物质，因而具有净化土壤的能力。有植物根系分布的土壤，好气性细菌比没有根系分布的土壤多几百倍至几千倍，故能促使土壤中的有机物迅速无机化。因此，既净化了土壤，又增加了肥力。草坪是城市土壤净化的重要地被物，城市中一切裸露的土地种植草坪后，不仅可以改善地上的环境卫生，也能改善地下的土壤卫生条件。

（二）社会效益

城市园林绿化是全社会的一项建设工程，不仅可以改善整个城市的生态环境，还可以美化城市、陶冶市民情操、提高市民文化素质、促进社会主义精神文明建设，具有明显的社会效益。

1. 创造城市景观

城市园林绿化具有独特的自然属性和文化属性，能够满足人们的文化和艺术享受。许多风景优美的城市，大多具有优美的自然地貌、轮廓挺直的建筑群体和风格独特的园林绿化。其中，园林绿化对城市面貌起决定性作用。园林绿化为软质景观，与硬质景观建筑配合，能丰富城市建筑体的轮廓线，形成美丽的街景、园林广场和滨河绿带等城市轮廓骨架。

要丰富城市面貌，城市园林绿化必须从艺术、自然角度和城市功能等方面综合考虑。既要充分利用自然地形地貌、文物古迹，又要从道路走向、功能分区上考虑，重视对景、借景和风景视线的运用，最大限度发挥绿化装饰作用。

2. 提供游憩场所

城市中的公共绿地是环境美的重要地段，是人们节假日和工作之余休息、娱乐、游憩放松的良好场所。公园一般分为动、静两类游戏活动区。青少年多喜欢动的游乐活动，老年人则偏爱静的游憩活动。在城市郊区的森林、水域或山地，利用风景优美的地段，来安排为居民服务的休憩疗养地，或从区域规划的角度、充分利用某些特有的自然条件，如海滨、水库、矿泉、温泉等，统一考虑休憩疗养地的布局，在休憩疗养地结合体育和游乐活动，组成一个特有的绿化地段，供城市居民享受。

3. 文化科普园地

城市园林绿地，特别是公园、小游园和一些公共设施专用绿地，是一个城市或单位的宣传橱窗，可开展多种方式的活动（如花卉展览、画展、影展、工艺品展、跳舞、下棋等），提高市民的文化艺术修养水平。公园中常设各种展览馆、陈列馆、纪念馆等，还有专类公园，如动物园、植物园、水族馆等，是向群众进行文化宣传、科普教育的场所，使游人在游玩中丰富科技和历史知识，陶冶情操，从而提高科学文化和思想道德素养。

4. 社会交往空间

园林绿地中常设琴、棋、书、画、武术、电子工艺、体育活动项目及儿童和少年娱乐设施等，人们可以自由选择有益于自己身心健康的活动项目，在紧张工作之余可以到这里放松、享受大自然美景，以及进行社会交往。人们在集体活动中可以加强接触和交流，增进友谊，既可减少老年人的孤独，也可使成年人消除疲劳、振奋精神，提高工作效率，培养青少年的勇敢精神，有益于健康成长。

5. 安全防护

城市园林绿化具有防灾避难、保护城市人民生命财产安全的作用。树木中含有大量的水分，使空气湿度增大。特别是有些树木有防火功能，这些树木所含水分多，不易燃烧，含树脂少，着火时不产生火焰，能有效阻挡火势蔓延。城市绿地也能有效减轻地震灾害、水土流失和台风带来的破坏。公园绿地为居民提供了避震的临时生活环境，是城市居民地震避难的良好场所。

（三）经济效益

一个城市园林绿化的经济效益，是指它为城市提供的公益效能的数量和质量。经济效益又有直接经济效益和间接经济效益之分。直接经济效益是指园林绿化部门所获得的绿化林副产品、门票、服务等的直接收入，主要指公共绿地直接产出值。随着人们工作效率的提高，休闲时间越来越多，娱乐休闲已成为人们必不可少的生活需求，休闲经济因此也将成为社会的主导经济，传统的农业与园林园艺相结合建设而成的现代农业观光园就是在这一背景下产生的。间接经济效益是指园林绿化所形成的良性生态效益和社会效益，主要包括森林、绿化植被、涵养水源、保持水土、吸收二氧化碳和有毒气体、释放氧气、防止水土流失、鸟类保护、旅游保健、拉动其他产业的发展等方面的价值。

二、城市园林绿地的分类及特征

（一）城市园林绿地系统的分类

城市绿地应按主要功能进行分类，同时要求与城市用地分类相对应。将绿地分为大类、中类、小类 3 个层次，共 5 大类、13 中类、11 小类。绿地类别采用英文字母和阿拉伯数字混合型代码表示。大类用英文字母 GREENSPACE（绿地）的第一个字母 G 和一位阿拉伯数字来表示；中类和小类各增加一位阿拉伯数字表示。如：G1 表示公园绿地，G11 表示公园绿地中的综合公园，G111 表示综合公园中的全市性公园。

1. 公园绿地（G1）

公园绿地包括综合公园（G11，全市性公园、区域性公园）、社区公园（G12，居住区公园、小区游园）、专类公园（G13，儿童公园、动物园、植物园、历史名园、风景名胜公园、游乐公园、其他专类公园）、带状公园（G14）、街旁绿地（G15）。

公园绿地是城市中向公众开放的，以游憩为主要功能的，有一定的游憩设施和服务设施，同时兼有健全生态、美化景观、防灾减灾等综合作用的绿化用地。它是城市建设用地、城市绿地系统和城市市政公用设施的重要组成部分，是表示城市整体环境水平和居民生活质量的一项重要指标。

2. 生产绿地（G2）

不管是否为园林部门所属，只要是为城市绿化服务，能为城市提供苗木、草坪、花卉和种子的各类圃地，均作为生产绿地。

3. 防护绿地（G3）

防护绿地是为了满足城市对卫生、隔离、安全的要求而设置的，其功能是对自然灾害和城市公害起到一定的防护或减弱作用的绿地。

4. 附属绿地（G4）

附属绿地指附属于居住区（G41）、公共设施（G42）、工业用地（G43）、仓储用地（G44）、对外交通（G45）、道路广场（G46）、市政公用设施（G47）及特殊用地（G48）的绿地。

5. 其他绿地（G5）

其他绿地是指位于城市建设用地以外的生态、景观、旅游和娱乐条件较好或亟待改善的区域，一般是植被覆盖较好、山水地貌较好或应当改造好的区域。

(二) 城市园林绿地的特征

1. 公园绿地 (G1)

综合公园：内容丰富，有相应设施，适合于公众开展各类户外活动的规模较大的绿地。一般综合公园规模较大，内容、设施较为完备，质量较好，园内功能分区明确，多有风景优美的自然条件、丰富的植物种类、开阔的草坪与浓郁的林地，四季景观丰富。

社区公园：为一定居住用地范围内的居民服务，具有一定活动内容和设施的集中绿地。除改善社区居民的环境卫生和小气候、美化环境外，还为居民日常游憩活动创造了良好的条件，是社区居民使用频率很高的绿地。

专类公园：具有特定内容或形式，有一定游憩设施的绿地。其位置、内容、形式依据专类园的功能而异。

带状公园：沿城市道路、城墙、水滨等一定游憩设施的狭长形绿地。有相当的宽度，供城市居民游憩之用。其中有小型游憩设施，还有简单的服务设施。

街旁绿地：位于城市道路用地以外，相对独立成片的绿地，包括街道广场绿地、小型沿街绿化用地等。对改善城市卫生条件、美化市容、组织交通起到积极作用，并有利于延长路面的使用寿命。

2. 生产绿地

生产绿地是为城市绿化提供苗木、花草、种子的苗圃、花圃、草圃等圃地。有的花圃布置成园林式，可供人们游憩之用。

3. 防护绿地

防护绿地是城市中具有卫生、隔离和安全防护功能的绿地，包括卫生隔离带、道路防护绿带、城市走廊绿带、防风带、城市组团隔离带等。防护绿地的主要功能是改善城市的自然条件和卫生条件。

4. 附属绿地

附属绿地包括居住用地、公共设施用地、工业用地、仓储用地、对外交通用地、道路广场用地、市政设施用地和特殊用地中的绿地。其绿化形式、植物选择等主要决定于附属绿地的功能及类别。

5. 其他绿地

其他绿地是对城市生态环境质量、居民休闲生活、城市景观和生物多样性保护有直接影响的绿地，如风景名胜区、水源保护区、郊野公园、森林公园、自然保护区、风景林地、城市绿化隔离带、野生动物园、湿地、垃圾清理场恢复绿地等。这些自然保护区的部分地区经整理后,可供人们有组织地游览参观。

三、影响城镇园林绿地指标的主要因素

(一) 国民经济发展水平

随着国民经济的发展,人民的物质文化生活水平得到改善与提高,对于环境绿地的要求也会不断提高,这就促使我国城市绿地在数量和质量上向更高的水平发展。

(二) 城市性质

不同性质的城市对园林绿地要求不同,如以风景游览、休养、疗养性质为主的城市,由于游览、美化的功能要求,则指标要高些。一些重工业城市,如钢铁、化工及交通枢纽城市,由于环境保护的需要,指标也要高些。

(三) 城市规模

从理论上讲,大中城市由于市区人口密集、建筑密度高,应在市区内有较多的绿地,指标应比小城市高。大城市的绿地系统比小城市复杂,绿地种类可以较多。在特大城市中,往往设置专门的动物园、植物园,在生活居住区的范围内,还可以设立区域性公园、小游园等。一般小城市有一个中心综合公园,或在近郊开辟一些绿地即可。

(四) 城镇自然条件

南方城市气候温暖,土壤肥沃,水源充足,树种丰富,绿地面积也较大一些。而北方城市气候寒冷,干旱多风,树种较少,绿地面积在总体上要比南方小些。应根据我国建筑气候分区及各地具体情况,再来确定不同的园林绿地指标。

四、城市园林绿地系统布局

(一) 城市绿地的布局形式

世界各国绿地发展可总结为八种基本模式:点状、环状、网状、楔状、放射状、带状、指状、综合式。我国的城市园林绿地系统,从形式上可归纳为下列几种。

1. 块状绿地布局

这种布局多数出现在旧城改造中,如上海、天津、武汉、大连、青岛等地。目前我国

多数城市的绿地属块状布局。在城市规划总图上，公园、花园、广场绿地呈块状、方形、不等边多边形，均匀分布于城市中。其优点是可以做到均衡分布，方便居民使用，但因分散独立、不成一体，对综合改善城市小气候作用不显著。

2. 带状绿地布局

这种绿地布局多数由于利用河湖水系、城市道路、旧城墙等因素，形成纵横向绿带、放射状绿带与环状绿带交织的绿地网，如哈尔滨、苏州、西安、南京等地。带状绿地的布局形式容易表现城市的艺术面貌。

3. 楔形绿地布局

凡城市中由郊区伸入市中心的由宽到狭的绿地，称为楔形绿地，如合肥市。一般都是利用河流、起伏地形、放射干道等结合市郊农田防护林来布置。优点是能使城市通风条件好，也有利于城市面貌的体现。

4. 混合式绿地布局

混合式绿地布局是前 3 种形式的综合应用，可以做到城市绿地点、线、面结合，组成较完整的体系。其优点是：可以使生活居住区获得最大的绿地接触面，方便居民游憩，有利于小气候的改善，有助于城市环境卫生条件的改善，有利于丰富城市总体与各部分的艺术面貌。北京的绿地系统规划布局即按此种形式来发展。

(二) 城市绿地的布局手法

城市中有各种类型的绿地，每种绿地所发挥的功能作用有所不同，但在绿地布局中只有采用点、线、面结合的方式，将城市绿地形成一个完整的统一体，才能充分发挥其群体的环境效益、社会效益和经济效益。

1. 城市园林绿地的"点"

主要指城市绿地中的公园布局，其面积不大，而绿化质量要求较高，是市民游览休息、开展各种游乐活动的主要场所。区级公园在城市中要均匀分布于城市的各个区域、服务半径以居民步行 15~20 分钟到达为宜。儿童公园应安排在居住区附近。动物园要稍微远离城市，以免污染城市和传播疾病。在街道两旁、湖滨河岸，可适当多布置一些小花园，供人们就近休息。

2. 城市园林绿地的"线"

主要指城市街道绿化、游憩林荫带、滨河绿带、工厂及城市防护林带等的布局。将这些带状绿地相互联系，组成纵横交错的绿带网，起到保护路面、防风、防尘、促进空气流通等作用。

3. 城市园林绿地的"面"

主要指城市中广大的附属绿地，它是由小块绿地组成的分布最广、总面积最大的绿地类型，对城市环境影响很大。

综上所述，只有各种功能不同的绿地连成系统之后，通过点、线、面相结合，集中与分散相结合，重点与一般相结合等手法的运用，才能合理地规划好城市的绿地，使其真正起到改善城市环境和小气候的作用。

第三节 园林规划设计的形式与特点

一、规则式（又称整形式、几何式）

规则式的布局方式强调整齐、对称和均衡。其最为明显的特点就是有明显的轴线，园林要素的应用以轴线为基础依次展开，追求几何图案美。

这种规划形式以建筑及建筑所形成的空间为主体。西方园林在 18 世纪英国出现风景式园林之前，基本上以规则式为主。其中以文艺复兴时期意大利台地园林和 17 世纪法国勒诺特的凡尔赛宫廷园为代表。在东方园林体系中，规则式园林也有运用，如北京天坛、南京中山陵等。

在这种规则形式中，整个园林的平面布局、立体造型以及建筑、广场、道路、水面、花草树木等要求严整对称，体现人工的几何图案美，给人以庄严、雄伟、整齐之感。这种形式一般见于宫苑、纪念性园林或有对称轴的建筑庭院中。其园林要素的特点有如下几个方面。

（一）地形地势

平地类型：由不同标高的平地、缓坡组成，不同标高的地形之间有台阶连接。
丘陵类型：由阶梯台地、倾斜地面及石级组成，剖面线为直线组合。

（二）水体

规则式园林中的水体多以水池的形式为主，包括驳岸或护坡。为表现整齐的效果常以整形水池、其他园林小品配合形成水体景观。

（三）建筑

规则式园林建筑的外形为规则式的几何形，如有建筑群，则建筑群的轴线与园林的轴线重合或对称布置。

（四）道路广场

规则式园林道路的平面和立面线条都为直线或规则的曲线，其形式多为直线几何式、环状放射形等。

（五）植物

规则式园林植物的配置按一定的株行距沿轴线对称设置，植物多进行人工整形。

二、自然式

自然式以模仿自然为主，不要求对称严整。布置形式活泼多变，讲究师法自然。其主要特点有以下几方面。

（一）地形地势

自然式园林多利用自然地形，因势就形，地形断面多为缓和曲线。

（二）水体

自然式园林的水体轮廓多为自然曲线，水岸多用自然山石驳岸或护坡，或作倾斜的斜坡，水体形式为拟自然式水体。

（三）建筑

自然式园林建筑的布局无规律，布局地点自然散落在园林中，建筑因景而设，不受轴线影响。

（四）道路广场

自然式园林道路的平、立面轮廓为自然曲线。广场一般采用疏林草地或其他形式。广场在自然式园林中布置较少。

（五）植物

自然式园林的植物以孤植、丛植、群植为主，模仿生态群落，植物采用自然式修剪法。

三、混合式

混合式园林是综合规则式与自然式两种类型的特点，把它们有机结合在一起，这种形式用于现代园林中，既可发挥自然式园林布局设计的传统手法，又能吸收规则式布局的优点，创造出的园林景观既有整齐明朗、色彩鲜艳的规则式部分，又有丰富多彩、变化无穷的自然式部分。其手法是：在较大的现代园林建筑周围或构图中心，采用规则式布局；在远离主要建筑物的部分，采用自然式布局。

第四节　园林的空间、赏景与造景

一、园林的空间艺术

（一）空间的概念与类型

1. 空间的概念与特性

园林景观的艺术表现和园林使用功能的发挥都是通过空间进行的，空间是园林设计的核心。所以，确立空间概念、了解空间特性是非常必要的。

所谓空间，是通过实体物质的存在而存在的，它本身无形无色，却又能变化万千。实体形态决定空间的形状，对空间有限定性。限定空间的实体越强，空间的有限性就越强；实体越弱，空间的有限性就越弱。广泛地说，实体的强包括它的高低、大小、形状和质地，相应地也规定了空间的大小容量、形状和空间质量。

人对空间的感知主要是视觉，其次是听觉、嗅觉、触觉和意念。通过这些感知，人不但了解空间的形状、体量、色彩，还了解到它的温度、湿度、光影、质地等空间质量并形成理念。仅从视觉空间的感知讲，可分为生理感知和心理感知。生理感知是以限定空间的实体形态来分辨的，易于掌握，而心理上的意念空间是以人的日常生活经验为基础的。

2. 空间的类型

由于空间所具有的可限性、质量性、多变性、方向性和使用性等特征，从不同角度区分，可分有很多名目类别。如：以限定空间的实体性质分为目的空间和自然空间；以限定空间的构成元素分为点限空间、线限空间；以限定空间的使用功能分为实用空间、观赏空间、赏用空间。

（二）园林空间的组织

园林多位于人群集中的城郊，为人工营造，以目的空间为主，又因风景区中的天然景观也为人们赏用，包括了自然空间的成分。在目的空间中，建筑的个体设计多注意建筑物内部空间与和建筑物有关的室外空间处理。而园林空间则多注意景物所能构成的外部空间的组织和室内外空间的渗透过渡，园林空间的整体是外部空间。可控空间是按规划设计意图，利用实体如建筑、墙垣、山石、树木、水面等组成的有限空间范围。这种空间是内向的，游人可在内游览、休息、活动。不可控空间是游人视线所能达到的，在可控空间以外的、游人难以到达的空间，如：园外的山体、树木、建筑等。对这些不可控空间，园林规划设计中也要注意组织安排。

1. 视景空间的基本类型

组织风景视线、观赏景物的空间为视景空间。视景空间的基本类型如下：

（1）静态空间与静态风景、动态空间与动态风景

游人观赏景物有动静之分，园林观赏的艺术感受单元为固定视点的静观构图。这种固定视点观赏静态风景所需的空间为静态空间，人们所见到的景物是相对静止的。但因游人是运动的，固定视点是暂时的，人动景也动，静态性的风景画面开始序列性地展开，形成步移景异。游人从一个空间逐步进入另一个空间，出现了连续的动态观赏与动态空间组织布局。因此，在园林规划设计中，常常将全园分为既有联系又能独立的、自成体系的局部空间。

（2）开敞空间与开朗风景、闭合空间与闭锁风景

人的视平线高于四周景物时，所处的空间是开敞的空间，空间的开敞程度与视点景物之间的距离成正比，与视平线高于景物的高差成正比。在开敞空间中所呈现的风景是开朗风景。开敞空间中，视线可平视很远，视觉不易疲劳；开朗风景使人心胸开朗、视觉轻松、豪情满怀。

2. 园林空间的分隔与联系

前面提到过形成构图的分隔与联系为统一与变化的基本规律。具体到园林空间构图的分隔，有虚分与实分两种手法。虚分是通过道路、水面、栏杆、空廊、疏林等分隔空间；虽然分隔，却不遮挡视线或很少遮挡，被分隔开的两个空间可相互渗透、互相依存。在园林空间的分隔中，除少数因景观布局要采用闭合式实分空间外，大部分是以虚分和部分实分的形式组织空间的，依据空间与空间的转换需求，决定分隔程度。

二、园林赏景与造景

(一) 赏景

景的观赏有动静之分，同时在人们游赏的过程中，由于人的观赏视角或观赏视距的不同，对景物的感受也不同。

1. 动态观赏与静态观赏

景的观赏，动就是游，静就是息。一般园林绿地的规划应从动与静两方面的要求来考虑。动态观赏，如同看风景电影，成为一种动态的连续构图。静态观赏，如同看一幅风景画。动态观赏一般多为行进中的观赏，可采用步行或乘车乘船的方式进行。静态观赏则多在亭廊台榭中进行。游人在园林中赏景既需要动态观景，又需要静态观景，设计者应在游览线上系统地组织景物及赏景设施，以满足游人赏景的需要。

2. 观赏点与观赏视距

无论动态、静态的观赏，游人所在位置称为观赏点或视点。观赏点与被观赏景物间的距离称为观赏视距。观赏视距适当与否与观赏的艺术效果关系很大。最适视距，如主景为雕像、建筑、树丛、艳丽的花木等，最好能在垂直视角为30°、水平视角为45°的范围内。

在平视静观的情况下，水平视角不超过45°，垂直视角不超过30°，则有较好的观赏效果。关于对纪念碑的观赏，垂直视角如分别按18°、27°、45°安排，即18°视距为纪念碑高的3倍，27°的为2倍，45°的为1倍。如能分别留出空间，当以18°的仰角观赏时，碑身及周围的景物能同时观赏到，27°时主要能观察碑的整个体形，45°时则只能观察碑的局部和细部了。

3. 俯视、仰视、平视的观赏

观赏点与被观赏的景物之间的位置有高有低。高视点多设于山顶或楼上，这样可以产生鸟瞰或俯瞰效果，登高望远，高瞻远瞩，纵览园内和园外景色，并可获得较宽幅度的整体景观感觉；低视点多设于山脚或水边，水边的亭、榭、旱船，或山洞底部、飞檐挑梁、假山洞、悬崖，能产生高耸、险峻的景观；观赏点与景物之间高差不大，将产生平视效果，使人感觉平静、舒适。

(二) 园林规划设计的造景方法

在园林绿地中，因借自然、模仿自然组织创造供人游览观赏的景色谓之造景。人工造景要根据园林绿地的性质、规模因地制宜、因时制宜。现从主景与配景、景的层次、借景、对景与分景、框景、夹景、漏景、添景、景题等方面加以说明。

1. 主景与配景

"牡丹虽好，还需绿叶扶持。"景无论大小均宜有主景、配景之分。主景是重点，是核心，是空间构图中心，能体现园林绿地的功能与主题，富有艺术上的感染力，是观赏视线集中的焦点。配景起着陪衬主景的作用。二者相得益彰又形成艺术整体。不同性质、规模、地形环境条件的园林绿地中，主景、配景的布置是有所不同的。如杭州花港观鱼公园以金鱼池及牡丹园为主景，周围配置大量的花木（如海棠、樱花、玉兰、梅花、紫薇、碧桃、山茶、紫藤等）以烘托主景。北京北海公园的主景是琼华岛和团城，其北面隔水相对的五龙亭、静心斋、画舫斋等是其配景。

2. 景的层次

景就距离远近、空间层次而言，有前景、中景、背景之分（也叫近景、中景与远景），一般前景、背景都是为了突出中景而言的。这样的景，富有层次的感染力，给人以丰富而无单调的感觉。

在种植设计中，也有前景、中景和背景的组织问题，如以常绿的圆柏（或龙柏）丛作为背景，衬托以五角枫、海棠花等形成的中景，再以月季引导作为前景，即可组成一个完整统一的景观。如桂林盆景园，以乔木、灌木和花卉构成有上下层次和远近层次的草坪空间。

有时因不同的造景要求，前景、中景、背景不一定全部具备。如在纪念性园林中，需要主景气势宏伟，空间广阔豪放，以低矮的前景、简洁的背景烘托即可。另外，在一些大型建筑物的前面，为了突出建筑物，使视线不被遮挡，只做一些低于视平线的水池、花坛、草地作为前景，而背景借助于蓝天、白云。

3. 借景

有意识地把园外的景物"借"到园内可透视、可感受的范围中来，称为借景。借景是中国园林艺术的传统手法。一座园林的面积和空间是有限的，为了扩大景物的深度和广度，组织游赏的内容，除了运用多样统一、迂回曲折等造园手法外，造园者还常常运用借景的手法，收无限于有限之中。

4. 对景与分景

为了满足不同性质的园林绿地的功能要求，达到各种不同景观的欣赏效果，创造不同的景观气氛，园林中常利用各种景观材料来进行空间组织，并在各种空间之间创造相互呼应的景观。对景和分景就是两种常用的手法。

5. 框景

利用门框、窗框、树框、山洞等有选择地摄取另一空间的优美景色，恰似一幅嵌于镜框中的立体风景画的取景方法，称为框景。《园冶》中谓"借以粉壁为纸，以石为绘也。理者相石皴纹，仿古人笔意，植黄山松柏、古梅、美竹，收之圆窗，宛然镜游也。"李渔于自己室内创设"尺幅窗"（又名"无心画"）讲的也是框景。

扬州瘦西湖的吹台，即是这种手法。框景的作用在于把园林绿地的自然美、绘画美与建筑美高度统一、高度提炼，最大限度地发挥自然美的多种效应。由于有简洁的景框为前景，可使视线集中于画面的主景上，同时框景讲求构图和景深处理，又是生气勃勃的天然画面，从而给人以强烈的艺术感染力。

框景必须设计好入框的对景。如先有景而后开窗，则窗的位置应朝向最美的景物；如先有窗而后造景，则应在窗的对景处设置，窗外无景时，则以"景窗"代之。观赏点与景框的距离应保持在景直径的2倍以上，视点最好在景框中心。

6. 夹景

为了突出优美的景色，常将左右两侧贫乏景观之处以树丛、树列、土山或建筑物等加以屏障，形成左右较封闭的狭长空间，这种左右两侧的景观叫夹景。夹景是运用透视线、轴线突出对景的方法之一，还可以起到障丑显美的作用，增加园景的深远感，同时也是引导游人注意的有效方法。

7. 漏景

漏景由框景发展而来，框景景色全现，漏景景色则若隐若现，有"犹抱琵琶半遮面"的感觉，含蓄雅致，是空间渗透的一种主要方法。漏景不仅限于漏窗看景，还有漏花墙、漏屏风等。除建筑装修构件外，疏林树干也是好材料，但植物不宜色彩华丽，树干宜空透阴暗，排列宜与景并列，所对景物则要色彩鲜艳，亮度较大为宜。

8. 添景

当风景点与远方对景之间没有其他中景、近景过渡时，为求对景有丰富的层次感，加强远景"景深"的感染力，常做添景处理。添景可用建筑的一角或树木花卉等。用树木作添景时，树木体形宜高大，姿态宜优美。如在湖边看远景，常有几丝垂柳枝条作为近景的装饰就很生动。

9. 景题

我国园林善于抓住每一景观特点，根据它的性质、用途，结合空间环境的景象和历史高度概括，常做出形象化、诗意浓、意境深的园林题咏。其形式多样，有匾额、对联、石碑、石刻等。

　　题咏的对象更是丰富多彩，无论是景象、亭台楼阁，还是一门一桥、一山一水，甚至名木古树，都可以给以题名、题咏，如万寿山、知春亭、爱晚亭、南天一柱、迎客松、兰亭、花港观鱼、纵览云飞、碑林等。它不但丰富了景的欣赏内容，增加了诗情画意，点出了景的主题，给人以艺术联想，还有宣传装饰和导游的作用。各种园林题咏的内容和形式是造景不可分割的组成部分，人们把创作设计园林题咏称为点景手法，它是诗词、书法、雕刻、建筑艺术等的高度综合。

第二章　园林景观的构成要素

第一节　自然景观要素

一、山岳风景景观

（一）山峰

山峰包括峰、峦、岭、崖、岩、峭壁等不同的自然景象，因岩质不同而异彩纷呈。如黄山、华山花岗岩山峰高耸威严；桂林、云南石林石灰岩山峰柔和清秀；武夷山、丹霞山红砂岩山峰的赤壁奇观；石英砂的断裂风化，形成了湖南武陵源、张家界的柱状峰林；变质杂岩而生成的山峰造就了泰山五岳独尊的宏伟气势。

山峰既是登高远眺的佳处，又表现出千姿百态的绝妙意境。如黄山的梦笔生花、云南石林的阿诗玛、武夷山的玉女峰、张家界的夫妻峰、承德的棒槌峰、鸡公山的报晓峰等。

（二）岩崖

由地壳升降、断裂风化而形成的悬崖危岩，如庐山的龙首崖，泰山的瞻鲁台、舍身崖、扇子崖，厦门的鼓浪屿和日光岩，还有海南岛的天涯海角石、桂林象山的象眼岩和三清山的石景等。

（三）洞府

洞府构成了山腹地下的神奇世界，如著名的喀斯特地形石灰岩溶洞，仿佛地下水晶宫，洞内的石钟乳、石笋、石柱、石幔、石花、石床、云盆等各种象形石光怪离奇；地下泉水、湍流更是神奇莫测。中国著名的溶洞有浙江瑶琳洞、江苏善卷洞、安徽广德洞、湖北神农架上冰洞山内的风洞、雷洞、闪洞、雾洞等。目前我国已开放的洞府景观有几十处。

（四）溪涧与峡谷

涧峡是山岳风景中的重要因素，它与峰峦相反，以其切割深陷的地形、曲折迂回的溪流、湿润芬芳的花草而引人入胜。如武夷山的九曲溪蜿蜒7.5公里，回环而下，成为游客乘筏畅游的仙境；贵阳郊区的花溪，每年春夏邀来多少情侣携游；我国台湾花莲县的太鲁峡谷，峡内断崖高差达千米，瀑布飞悬，景色宜人。

（五）火山口景观

火山活动所形成的火山口、火山锥、熔岩流台地、火山熔岩等。如东北五大连池景观就是火山堰塞湖；还有长白山天池火山湖，火山口上的原始森林奇观；浙江南雁荡山火山岩景观等。

（六）高山景观

在我国西部，有不少仅次于积雪区，海拔高度在5000米以上的山峰，如青藏、云贵高原地区，多半是冰雪世界。高山风景主要包括冰川，如云南的玉龙雪山，被称为我国冰川博物馆。还有高山冰塔林水晶世界景观，高山珍奇植物景观，如雪莲花、点地梅等。

（七）古化石及地质奇观

古生物化石是地球生物史的见证者，是打开地球生命奥秘的钥匙，也是人类开发利用地质资源的依据，古化石的出露地和暴露物自然就成为极其宝贵的科研和观赏资源。如四川自贡地区有著名的恐龙化石，并建成世界知名的恐龙博物馆；山东、河北等地的石灰岩层叠石是20亿年前藻类蔓生的成层产物，形成绚丽多彩的大理石岩基；山东莱芜地区有寒武纪三叶虫化石，被人们开发制成精美的蝙蝠石砚；山东临朐城东有一座世界少有的山旺化石宝库，在岩层中完整保留着距今1200万年前的多种生物化石，颗粒细致的岩层被人誉称为"万卷书"，是研究古生物、地理和古气候的重要资料。史前岩洞还是古人类进化史的课堂，北京周口店等处发现了古猿人的化石，证明了人类的起源与演变。变化万千的古化石及地质奇观，遍布我国各地，它们是科学研究的宝贵资料，也是自然中的景观资源。

二、水域风景景观

（一）泉水

泉是地下水的自然露头，因水温不同而分冷泉和温泉，包括中温泉（年均温45℃以下）、热泉（45℃以上）、沸泉（当地沸点以上）等；因表现形态不同而分为喷泉、涌泉、溢泉、间歇泉、爆炸泉等；从旅游资源角度看，有饮泉、矿泉、酒泉、喊泉、浴泉、听泉、蝴蝶泉等；还可按不同成分分为单纯泉、硫酸盐泉、盐泉、矿泉等。我国古人以水质容重等条件品评了各大名泉，如天下第一泉的北京玉泉山玉泉；无锡惠山的天下第二泉；杭州虎跑的天下第三泉等。我国有济南七十二名泉，以趵突泉最胜；西安华清池温泉，以贵妃池最重；重庆有南、北温泉；还有西藏羊八井的爆炸泉；我国台湾阳明山、北投、关子岭、四重溪四大温泉等。

泉水的地质成因很多，因沟谷侵蚀下切到含水层而使泉水涌出叫侵蚀泉；因地下含水层与隔水层接触面的断裂而涌出的泉水叫接触泉；地下含水层因地质断裂、地下水受阻而顺断裂面而出的叫断层泉；地下水遇隔水体而上涌地表的叫溢流泉（如济南趵突泉）；地下水顺岩层裂隙而涌出地面者叫裂隙泉（杭州虎跑泉）。矿泉是重要的旅游产品资源；温泉是疗养的重要资源；不少地区泉水还是重要的农业和生活用水来源。所以泉水可以说是融景、食、用为一体的重要风景要素。

（二）瀑布

瀑布是高山流水的精华所在，瀑布有大有小，形态各异，气势非凡。

我国目前最大的瀑布是黄果树瀑布，宽约 30 米，高 60 米以上，最大落差 72.4 米；吉林省的长白山瀑布也十分雄伟壮观；黑龙江的镜泊湖北岸吊水楼瀑布是我国又一大瀑布，奔腾咆哮，飞泻直下，轰鸣作响，景色迷人。另外知名的瀑布还有浙江雁荡山的大龙漱、小龙漱瀑布，建德市的葫芦瀑，江西庐山的王家坡双瀑、黄龙潭、玉帘泉、乌龙潭，山西壶口瀑布以及臣龙岗的上下二瀑等。所有山岳风景区几乎都有不同的瀑布景观，有的常年奔流不息，有的顺山崖辗转而下，有的像宽大的水帘漫落奔流，似万马奔腾，若白雪银花。丰富的自然瀑布景观也是人们造园的蓝本。总之，瀑布以其飞舞的雄姿，使高山动色，使大地回声，给人们带来"疑是银河落九天"的抒怀和享受。

（三）溪涧

飞瀑清泉的下游常出现溪流深涧。如浙江杭州龙井九溪十八涧，起源于杨梅岭的杨家坞，然后汇合九个山坞的细流成溪。贵州的花溪也是著名的游览地，花溪河三次出入于两山夹峙之中，入则幽深，不知所向，出则平衍，田畴交错，或突兀孤立，或蜿蜒绵亘，形成山环水绕，水清山绿，堰塘层叠，河滩十里的绮丽风光。为了再现自然，古人在庭园中也利用山石流水创造溪涧的景色，如杭州玉泉的水溪、无锡寄畅园的八音涧等，都是仿效自然创造的精品。

（四）峡谷

峡谷是地形大断裂的产物，富有壮丽的自然景观。著名的长江三峡是地球上最深、最雄伟壮丽的峡谷之一，崔嵬摩天，幽邃峻峭，江水蜿蜒东去，两岸古迹又为三峡生色。其中瞿塘峡素有"夔门天下雄"之称；巫峡则以山势峻拔，奇秀多姿著称；西陵峡最长，其间又有许多峡谷，如兵书宝剑峡、蛇岭峡、黄牛峡、灯影峡等。另外，广东清远县著名的清远飞来峡，承德松云峡，北京的龙庆峡素有"小三峡"之称，还有四川嘉州小三峡等。此外还有尚未开发的云南三江大峡谷、黄河上的三门峡等。

（五）河川

河川是祖国大地的动脉，著名的长江、黄河是中华民族文化的发源地。自北至南，排列着黑龙江、辽河、松花江、海河、淮河、钱塘江、珠江、万泉河，还有祖国西部的三江峡谷（金沙江、澜沧江和怒江），美丽如画的漓江风光等。大河名川，奔泻万里，小河小溪，流水人家，大有排山倒海之势，小有曲水流觞之趣。总之，河川承载着千帆百舸，孕育着良田沃土，装点着富饶大地，流传着古老文化，它是流动的风景画卷，又是一曲动人心弦的情歌。

（六）湖池

湖池像是水域景观项链上的宝石，又像撒在大地上的明珠，她以宽阔平静的水面给我们带来悠荡与安详，也孕育了丰富的水产资源。从大处着眼，我国湖泊大体有青藏高原湖区，蒙新高原湖区，东北平原山地湖区，云贵高原湖区和长江下游平原湖区。著名的湖池有新疆天池、天鹅湖、黑龙江镜泊湖、五大连池，青海的青海湖，陕西的华清池，甘肃的月牙泉，山东的微山湖，南京的玄武湖、莫愁湖，云南的滇池、洱海，湖南和湖北的鄱阳湖、洞庭湖，无锡的太湖，江苏、安徽的洪泽湖，安徽的巢湖，浙江的千岛湖，杭州的西湖，扬州的瘦西湖，桂林的榕湖、杉湖，广东的星湖，台湾的日月潭，等等。

此外，还有大量水库风景区，如北京十三陵水库、密云水库，广州白云山鹿湖，深圳水库，珠海竹仙洞水库，海南松涛水库，等等。无论天然还是半人工湖池，大都依山傍水，植被丰富，近邻城市，游览方便。中国园林景观欲咫尺山林，小中见大，多师法自然，开池引水，形成庭园的构图中心、山水园的要素之一，深为游人喜爱。

（七）滨海

我国东部海疆既是经济开发区域，又是重要的旅游观光胜地。这里碧海蓝天，绿树黄沙，白墙红瓦，气象万千。有海市蜃楼幻景，有浪卷沙鸥风光，有海蚀石景奇观，有海鲜美味品尝。如河北的北戴河，山东的青岛、烟台、威海，江苏的连云港花果山，浙江宁波的普陀山，厦门的鼓浪屿，广东深圳的大鹏湾，珠海的香炉湾，海南三亚的亚龙湾，等等。

我国沿海自然地质风貌大体有三大类。基岩海岸，大都由花岗岩组成，局部也有石灰岩系，风景价值较高；泥沙海岸，多由河流冲积而成，为海滩涂地，多半无风景价值；生物海岸，包括红树林海岸、珊瑚礁海岸，有一定观光价值。由上可知海滨风景资源是要因地制宜、逐步开发才能更好地利用。自然海滨景观多为人们仿效，再现于城市园林的水域岸边，如山石驳岸、卵石沙滩、树草护岸或点缀海滨建筑雕塑小品等。

（八）岛屿

我国自古以来就有东海仙岛和灵丹妙药的神话传说，不少皇帝曾派人东渡求仙，由此也构成了中国古典园林中"一池三山"（"三山"指蓬莱、方丈、瀛洲）的传统格局。由于岛屿具有给人们带来神秘感的传统习惯，在现代园林景观的水体中也少不了聚土石为岛，植树点亭，或设专类园于岛上，既增加了水体的景观层次，又增添了游人的探求情趣。从自然到人工岛屿，知名者有哈尔滨的太阳岛、青岛的琴岛、烟台的养马岛、威海的刘公岛、厦门的鼓浪屿、台湾的兰屿、太湖的东山岛、西湖的三潭印月（岛）等。园林景观中的岛屿，除利用自然岛屿外，都是模仿或写意于自然岛屿的。

三、天文、气象景观

（一）日出、晚霞

日出象征着紫气东来，万物复苏，朝气蓬勃，催人奋进；晚霞呈现出霞光夕照，万紫千红，光彩夺目，令人陶醉。大部分景观在9—11月金秋季节均可以欣赏到。如泰山玉皇顶、日观峰观日出；衡山祝融峰望日台观日出；华山朝阳峰朝阳台观日出；五台山黛螺顶、峨眉山金顶卧云庵睹光台、杭州西湖葛岭初阳台、莫干山观日台以及大连老虎滩、北戴河、普陀山等地均是观日出的最佳圣地。杭州西湖的"雷峰夕照"，嘉峪关的"雄关夕照"，普陀山的"普陀夕照"，潇湘八景之一的"渔村夕照"，燕京八景之一的"金台夕照"，吴江八景之一的"西山夕照"，桂林十二景之一的"西峰夕照"等，均是观晚霞的最佳景点。

（二）云雾佛光景观

乘雾登山，俯瞰云海，仿若腾云驾雾，飘飘欲仙。如黄山、泰山、庐山等山岳风景区海拔 1500 米以上均可出现山丘气候，还造成雾凇雪景，瀑布云流，云海翻波，山腰玉带云景（云南苍山），以及"海盖云""望夫云"（洱海）等。"佛光""宝光"是自然光线在云雾中折射的结果。如泰山佛光多出现于 6—8 月，约 6 天；黄山约 42 天；而峨眉山有 71 天，且冬季较多。总之，云雾佛光，绮丽万千，招来无数游客，堪称高山景观之绝。

（三）海市蜃楼景观

海市蜃楼是因为春季气温回升快，海温回升慢，温差加大出现"逆温"，造成上下空气层密度悬殊而产生光影折射的结果。如山东蓬莱的"海市蜃楼"闻名于世，那变幻莫测的幻影，把人带到另一个世界；广东惠来县神泉港的海面上龙穴岛亦有这种"神仙幻境"，有时长达 4~6 小时；这种现象在沙漠中也会出现。另外在晴朗的日子里，海滨日出、日落时，在天际线处常闪现绿宝石般的光芒，这是罕见的绿光景观。

四、生物景观

（一）植物类景观

1. 森林

森林是人类的摇篮，绿化的主体，园林景观中必备的要素。现代有以森林为主的森林公园或国家森林公园，一般园林景观也多以奇树异木作为景观。森林按其成因分为原始森林、自然次森林、人工森林；按其功能分用材林、经济林、防风林、卫生防护林、水源涵养林、风景林。我国森林景观因其地域、功能不同，各具显著特征。如华南南部的热带雨林；华中、华南的常绿阔叶林、针叶林及竹林；华中、华北的落叶阔叶林；东北、西北的针阔叶混交林及针叶林。还有乔木、灌木、灌丛等不同形状的树木、树林。

2. 草原

有以自然放牧为主的自然草原，如东北、西北及内蒙古牧区的草原；有以风景为主的或作园林景观绿地的草地。草地是自然草原的缩影，是园林景观及城市绿化必不可少的要素。

3. 花卉

有木本、草本两种，也是景园的要素。花园，即以花卉为主体的景园。我国花卉植物资源在世界上最为丰富，且多名花精品，绝世珍奇。如国色天香、花中之王的牡丹，花中皇后芍药，天下奇珍琼花，天下第一香兰花，20 世纪 60 年代新发现的金花茶，以及梅花、菊花、桂花等。除自然生长的花卉外，现代又培育出众多的新品种。花卉与树木常结合布置于景园中，组成色彩鲜艳、芳香沁人的景观，为人们所喜爱、歌咏。

（二）动物类景观

动物是景园中最活跃、最有生气的要素。有以动物为主体的园，称动物园；或以动物为园中景观、景区，称观、馆、室等。全世界有动物约 150 万种，包括鱼类、昆虫类、爬行类、禽类、哺乳类等。

1. 鱼类

鱼类是动物界中的一大纲目。观赏鱼类包括热带鱼、金鱼、海水鱼及特种经济鱼。水生软体动物，贝壳动物及珊瑚类，都具有不同的观赏价值和营养成分。

2. 昆虫类

昆虫数量占动物界的 2/3，有价值的昆虫常用来展出和研究，其中观赏价值较高的如各类蝴蝶、飞蛾、甲虫等。

3. 两栖爬行类

如龟、蛇、蜥、鳄鱼等，有名的绿毛乌龟、巨蟒、扬子鳄等具有较高的观赏和科研价值。

4. 禽类

一般有五类，即鸣禽类（画眉、金丝鸟等）、猛禽类（鹰、鸠等）、雉鸡类（如孔雀、珍珠鸡、鸵鸟等）、游涉禽类（鸭、鸳鸯）、攀禽类（鹦鹉等）。

5. 哺乳类

如东北虎、美洲狮、大白熊、梅花鹿、斑马、大熊猫、猿猴类、亚洲象、长颈鹿、大河马、海豹等。

第二节 历史人文景观设计

一、名胜古迹景观

（一）古代建设遗迹

古代遗存下来的城市、乡村、街道、桥梁等，有地上的，有发掘出来的，都是古代建设的遗迹或遗址。我国古代建设遗迹最为丰富多样，且大都开辟为旅游胜景，成为旅游城市、城市景园的主要景观、风景名胜区、著名陈列馆（院）等。

我国著名的古代城市如六朝古都南京、汉唐古都长安（西安）、明清古都北京，以及山东曲阜、河北山海关、云南丽江古城等，都是世界闻名的古城。古乡村（村落）有西安的半坡村遗址；古街有安徽屯溪的宋街；古道有西北的丝绸之路；古桥梁则有赵州桥、卢沟桥等。

（二）古建筑

世界多数国家都保留着历史上流传下来的古建筑，我国古建筑的历史悠久、形式多样、形象多类、结构严谨、空间巧妙，都是举世无双的，而且近几十年来修建、复建、新建的古建筑，面貌一新，不断涌现，蔚为壮观，成为园林景观中的重要景观。古建筑一般包括宫殿、府衙、名人居宅、寺庙、塔、教堂、亭台、楼阁、古民居、古墓、神道建筑等。其中寺庙、塔、教堂合称宗教与祭祀建筑；亭台、楼阁有独立存在的，也有在宫殿、府衙及园中的。跨类而具有综合性的有"东方三大殿"，即北京故宫、山东岱庙天贶殿、山东曲阜孔庙大成殿；江南三大楼，即湖南岳阳楼、湖北黄鹤楼、江西南昌滕王阁。

（三）古工程、古战场

工程设施、战场有些与园林景观并无关系，而有些工程设施直接用于园林景观工程，有些古代工程、古战场今天已辟为名胜、风景区，供旅游观光，同样具有园林景观的功能。闻名的古工程有长城、都江堰、京杭大运河；古战场有湖北赤壁三国赤壁之战的战场、重庆缙云山合川钓鱼城的南宋抗元古战场等。

二、文物艺术景观

（一）石窟

我国现存有历史久远、形式多样、数量众多、内容丰富的石窟，是世界罕见的综合艺术宝库。其上凿刻、雕塑着古代建筑、佛像、佛经故事等形象，艺术水平很高，历史与文化价值无量。闻名世界的有甘肃敦煌石窟（又称莫高窟），从前秦至元代，工程延续约千年；山西大同云周山云冈石窟，北魏时开凿，保存至今的有53处，造像5100余尊，以佛像、佛经故事等为主，也有建筑形象；河南洛阳龙门石窟，是北魏后期至唐代所建大型石窟群，有大小窟龛2100多处，造像约10万尊，是古代建筑、雕塑、书法等艺术资料的宝库；甘肃天水麦积山石窟，是现存唯一自然山水与人文景观结合的石窟。其他还有辽宁义县万佛堂石窟，山东济南千佛山，云南剑川石钟山石窟，宁夏须弥山石窟，南京栖霞山石窟等多处。

（二）壁画

壁画是绘于建筑墙壁或影壁上的图画。我国很早就出现了壁画，古代流传下来的如山西繁峙县岩山寺壁画，金代1158年开始绘于寺壁之上，为大量的建筑图像，是现存的金代的规模最大、艺术水平最高的壁画；云南昭通市东晋墓壁画，在墓室石壁之上绘有青龙、白虎、朱雀、玄武与楼阙等形象及表现墓主生前生活的场景，是研究东晋文化艺术与建筑的珍贵艺术资料；泰山岱庙正殿天贶殿宋代大型壁画（泰山神启跸回銮图），全长62米，造像完美、生动，是宋代绘画艺术的精品。

影壁壁画著名的如北京北海九龙壁（清乾隆年间建），上有九龙浮雕图像，体态矫健，形象生动，是清代艺术的杰作。

（三）碑刻、摩崖石刻

碑刻是刻文的石碑，是各体书法艺术的载体。如泰山的秦李斯碑，岱顶的汉无字碑，岱庙碑林，曲阜孔庙碑林，西安碑林，南京六朝碑亭，唐碑亭以及清代康熙、乾隆在北京与游江南所题御碑等。

摩崖石刻，是刻文字、图画的山崖，文字除题名外，多为名山铭文、佛经经文。山东泰山摩崖石刻最为丰富，被誉为我国石刻博物馆。山下经石峪有"大字鼻祖"（金刚经）岩刻，篇幅巨大，气势磅礴；山上碧霞元君祠东北石崖上刻有唐玄宗手书《纪泰山铭》全文，高13米多，宽5米余，蔚为壮观。山东益都云门山崖高数丈的"寿"字石刻，堪称一字摩崖石刻之最。图画摩崖石刻多见于我国西北、西南边疆地区，多为古代少数民族创作的岩画，内容有人物、动物、生活、战争等。著名的有新疆石门子岩画，广西花山岩画等。

（四）雕塑艺术品

雕塑艺术品是指多用石质、木质、金属雕刻各种艺术形象与泥塑各种艺术形象的作品。古代以佛像、神像及珍奇动物形象为数最多，其次为历史名人像。我国各地古代寺庙、道观及石窟中都有丰富多彩、造型各异、栩栩如生的佛像、神像。举世闻名的如四川乐山巨形石雕乐山大佛，唐玄宗时创建，约用90年竣工，通高71米、头高14.7米、头宽10米、肩宽28米、眼长3.3米、耳长7米；北京雍和宫木雕弥勒佛立像，全身高25米，离地面高18米。

珍奇动物形象雕塑，自汉代起至清代古典景园中就都作为园林景观点缀或景观。宫苑中多为龙、鱼雕像，且与水景制作相结合，有九龙形象，如九龙口吐水或喷水；也有在池岸上石雕龙头像，龙口吐水入池的，如保存至今的西安临潼华清池诸多龙头像。

（五）诗词、楹联、字画

中国风景园林的最大特征之一就是深受古代哲学、宗教、文学、绘画艺术的影响，自古以来就吸引了不少文人画家、景观建筑师以至皇帝亲自制作和参与，使我国的风景园林带有浓厚的诗情画意。诗词楹联和名人字画是景观意境点题的手段，既是情景交融的产物，又构成了中国园林景观的思维空间，是我国风景园林文化色彩浓重的集中表现。

（六）出土文物及工艺美术品

包括具有一定考古价值的各种出土文物，著名的有秦兵马俑（陕西秦始皇陵）、古齐国殉马坑（山东临淄）、北京明十三陵等地下古墓室及陪葬物等。

三、民间风俗与节庆活动

（一）生活风俗地方节庆

如春节饺、闹元宵、龙灯会、清明素、放风筝、端午粽、中秋月饼、腊八粥等，还有各民族不同的婚娶礼仪等。

（二）民族歌舞

如汉族的腰鼓舞、秧歌舞、绸舞，朝鲜族的长鼓舞，维吾尔族舞，壮族扁担舞，傣族孔雀舞，等等。

（三）民间技艺

如壮锦、苗锦、蜀锦、傣锦、苏绣、高绣、鲁绣等。

（四）服饰方面

丰富多彩的民族服饰，集中形象地反映了当地的文化特征，对观光客有很大的吸引力。如黎族短裙、傣族长裙、布朗族黑裙、藏族围裙等。

（五）神话传说

如山东蓬莱阁的八仙过海传说，山东新汶峄山的龙女牧羊传说，花果山（连云港）的孙悟空传说，等等。

四、地方工艺、工业观光及地方风味风情

我国的风景园林历来和社会经济生产及人民生活活动紧密相关，因此，众多的生产性观光项目以及各地的土特名优产品及风味食品也成为园林景观中不可缺少的人文景观要素。生产观光项目有果木园艺、名贵动物、水产养殖及捕捞等；名优工艺有工业产品生产、民间传统技艺、现代化建筑工程等；风味特产更是一个名目繁多的大家族，如著名的中国酒文化，苏、粤、鲁、川四大名菜系，北京满汉全席；丝绸、貂皮等土特产；陶瓷、刺绣、漆器、雕刻类工艺美术品；人参、鹿茸、麝香等名贵药品；还有地方风味食品，如北京烤鸭、南京板鸭、内蒙古烤羊肉、傣族竹筒饭、广东蛇肉、金华火腿、成都担担面等。

第三节　园林工程要素

一、园林园路景观设计

（一）园路设计理论

1. 园路的等级

园路依照重要性和级别，可分以下 3 类：

（1）小路

即游览小道或散步小道，其宽度一般仅供 1 人漫步或可供 2~3 人并肩散步。小路的布置很灵活，平地、坡地、山地、水边、草坪上、花坛群中、屋顶花园等处，都可以铺筑小路。

（2）主园路

在风景区中又叫主干道，是贯穿风景区内所有游览区或串联公园内所有景区的、起骨干主导作用的园路，多呈环形布置。主园路常作为导游线，对游人的游园活动进行有序的组织和引导；同时，它也要满足少量园务运输车辆通行的要求。

（3）次园路

又称支路、游览道或游览大道，是宽度仅次于主园路的、联系各重要景点或风景地带的重要园路。次园路有一定的导游性，主要供游人游览观景用，一般不设计为能够通行汽车的道路。

2. 园路系统的布局形式

园林中园路的布局，一般在园林总体规划（方案设计）时已解决。园路工程设计主要是根据规划所定线路、地点的实际地形条件，再加以勘察和复核，确定具体的工程技术措施，然后做出工程的技术设计。

园路系统主要由不同级别的园路和各种用途的园林场地构成。园路系统布局一般有3种：条带式、树枝式和套环式。

（1）条带式园路系统

在地形狭长的园林绿地上，采用条带式园路系统比较合适。这种布局形式的特征是：主园路呈条带状，始端和尽端各在一方，并不闭合成环。在主路的一侧或两侧，可以穿插次园路和游览小道。次园路和游览小道相互之间条带式园路布局不能保证游人在游园中不走回头路。所以，只有在林荫道、河滨公园等带状公共绿地中，才采用条带式园路系统。

（2）树枝式园路系统

以山谷、河谷地形为主的风景区和市郊公园，主园路一般只能布置在谷底，沿着河沟从下往上延伸。两侧山坡上的多处景点，都是从主路上分出一些支路，甚至再分出一些小路加以连接。支路和小路多数只能是尽端式道路，游人到了景点游览之后，要原路返回到主路再向上行。这种道路系统的平面形状，就像是有许多分枝的树枝一样，游人走回头路的次数很多。因此，从游览的角度看，它是游览性最差的一种园路布局形式，只有在受地形限制不得已时才采用这种布局。

（3）套环式园路系统

这种园路系统的特征是：由主园路构成一个闭合的大型环路或一个"8"字形的双环路，再由很多的次园路和游览小道从主园路上分出，并且相互穿插连接与闭合，构成较小的环路。主园路、次园路和小路是环环相套、互通互连的关系，其中少有尽端式道路。因此，这样的道路系统可以满足游人在游览中不走回头路的愿望。套环式园路是最能适应公共园林环境，并且在实践中也是应用最为广泛的园路系统。

但是在地形狭长的园林绿地中，由于受到地形的限制，套环式园路也有不易构成完整系统的遗憾之处，因此在狭长地带一般都不采用这种园路布局形式。

3. 园路的宽度确定

公园中，单人散步的宽度为 0.75 m，2 人并排散步的道路宽度为 1.2 m，3 人并排行走的道路宽度则可为 1.8 m 或 2.0 m。个别狭窄地带或屋顶花园上，单人散步的小路最窄可取 0.9 m。如果以车道宽度及条数来确定主园路的宽度，则要考虑设置车道的车辆类型，以及该类车辆车身宽度情况。在机动车中，小汽车车身宽度按 2.0 m 计，中型车（包括洒水车、垃圾车、喷药车）按 2.5 m 计，大型客车按 2.6 m 计。加上行驶中横向安全距离的宽度，单车道的实际宽度可取的数值是：小汽车 3.0 m，中型车 3.5 m，大客车 3.5 m 或 3.75 m（不限制行驶速度时）。在非机动车中，自行车车身宽度按 0.5 m，伤残人士轮椅车按 0.7 m，三轮车按 1.1 m 计算。加上横向安全距离，非机动车的单车道宽度应为：自行车 1.5 m，三轮车 2.0 m，轮椅车 1.0 m。

4. 园路的结构

园路的结构一般由路面、路基和附属工程 3 部分组成。

（1）路面的结构

从横断面上看，园路路面是多层结构，其结构层次随道路级别、功能的不同而有区别。一般路面从下至上结构层次分布顺序是垫层、基层、结合层、面层。

①垫层。

在路基排水不畅、易受潮受冻情况下，要在路基之上设一个垫层，以便于排水，防止冻胀，稳定路面。在选用粒径较大的材料做路面基层时，也应在基层与路基之间设垫层。做垫层的材料要求水稳定性良好。一般可采用煤渣土、石灰土、砂砾等，铺设厚度 8~15 cm。当选用的材料兼具垫层和基层作用时，也可合二为一，不再单独设垫层。

路面结构层的组合，应根据园路的实际功能和园路级别灵活确定。一些简易的园路，路面可以不分垫层、基层和面层，而只做一层，这种路面结构可称为单层式结构。如果路面由两个以上的结构层组成，则可叫多层式结构。各结构层之间，应当结合良好、整体性强，具有最稳定的组合状态。结构层材料的强度一般应从上而下逐层减小，但各层的厚度却应从上而下逐层增厚。不论单层还是多层式路面结构，其各层的厚度最好都大于其最小的稳定厚度。

②基层。

基层位于路基和垫层之上，承受由面层传来的荷载，并将荷载分布至其下各结构层。基层是保证路面的力学强度和结构稳定性的主要层次，要选用水稳定性好，且有较大强度的材料，如碎石、砾石、工业废渣、石灰土等。园路的基层铺设厚度可在 6~15 cm。

③结合层。

在采用块料铺砌作面层时，要结合路面找平，而在基层和面层之间设置一个结合层，以使面层和基层紧密结合起来。结合层材料一般选用 3~5 cm 厚的粗砂、1∶3 石灰砂浆或 M2.5 混合砂浆。

④面层。

位于路面结构最上层，包括其附属的磨耗层和保护层。面层要采用质地坚硬、耐磨性好、平整防滑、热稳定性好的材料来做，有用水泥混凝土或沥青混凝土整体现浇的，有用整形石块、预制砌块铺砌的，也有用粒状材料镶嵌拼花的，还有用砖石砌块材料与草皮相互嵌合的。总之，面层的材料及其铺装厚度要根据园路铺装设计来确定。有的园路在面层表面还要做一个磨耗层、保护层或装饰层。磨耗层厚度一般为 1~3 cm，所用材料有一定级配，如用 1∶2.5 水泥砂浆（选粗砂）抹面，用沥青铺面，等等。保护层厚度一般小于 1 cm，可用粗砂或选与磨耗层一样的材料。装饰层的厚度可为 1~2 cm，可选用的材料种类很多，如磨光花岗石、大理石、釉面墙地砖、水磨石、豆石嵌花等，也是要按照具体设计而定。

（2）路基

路基是路面的基础，为园路提供一个平整的基面，承受地面上传下来的荷载，是保证路面具有足够强度和稳定性的重要条件之一。一般黏土或砂性土开挖后夯实就可直接作为路基；对未压实的下层填土，经过雨季被水浸润后能自身沉陷稳定，其容重为 180 g/cm^3，可用于路基；过湿冻胀土或湿软橡皮土可采用 1∶9 或 2∶8 灰土加固路基，其厚度一般为 15 cm。

（二）园路设计的常用材料选择

1. 花岗岩品种

天然石材中的花岗岩质地坚硬密实，在极端易风化的天气条件下耐久性好，能承受重压，表面颜色和纹理多样，装饰性好，是常见的园路路面铺装面层材料。

花岗岩是典型的深成岩，其化学成分主要是 SiO$_2$（质量分数为 65%~70%）。所以花岗岩为含硅较多的重酸性深成岩。

（1）花岗岩板材的类型

按表面加工的方式分为：粗磨板（表面经过粗磨，光滑而无光泽）、磨光板（经打磨后表面光亮、色泽鲜明、晶体裸露，经抛光处理即为镜面花岗岩板材）、剁斧板（表面粗糙，具有规则的条状斧纹）、机刨板（用刨石机刨成较为平整的表面，表面呈相互平行的刨纹）等。

（2）花岗岩板材的规格

天然花岗岩剁斧板和机刨板按图纸要求加工。粗磨板和磨光板材常用尺寸为 300 mm×300 mm、305 mm×305 mm、400 mm×400 mm、600 mm×300 mm、600 mm×600 mm、900 mm×600 mm、1070 mm×750 mm 等，厚度 20 mm。

（3）花岗岩的特点

装饰性好，其花纹为均粒状斑纹及发光云母微粒；坚硬密实，耐磨性好；耐久性好；花岗岩孔隙率小，吸水率小；耐风化；具有高抗酸腐蚀性；耐火性差，花岗岩中的石英在573℃和870℃会发生晶体转变，产生体积膨胀，火灾发生时引起花岗岩开裂破坏。

2. 加工处理过的石材

石材表面通过不同的加工处理可以形成不同的效果，加工过的石材有以下类型：

（1）烧毛石

用火焰喷射器灼烧锯切下的板材表面，利用组成花岗石的不同矿物颗粒热膨胀系数的差异，使其表面一定厚度的表皮脱落，形成表面整体平整但局部轻微凸凹起伏的形式。烧毛石材反射光线少，视觉柔和，与抛光石材相比石材的明度提高、色度下降。

（2）剁斧石

剁斧是传统的加工方法，常用斧头錾凿石材表面形成特定的纹理。现代剁斧石概念的外延大大延伸了，常指人工制造出的不规则纹理状的石材。剁斧石一般用手工工具加工，如花锤、斧子、錾子、凿子等通过锤打、凿打、劈剁、整修、打磨等办法将毛坯加工成所需的特殊质感，其表面可以是网纹面、锤纹面、岩礁面、隆凸面等多种形式。现在，有些加工过程可以使用劈石机、自动锤凿机、自动喷砂机等完成。

（3）机刨纹理石

通过专用刨石机器将板面加工成特定凸凹纹理状的方法。

（4）亚光石

将石材表面研磨，使石材具有良好的光滑度，有细微光泽，但反射光线较少。

（5）抛光石

将从大块石料上锯切下的板材通过粗磨、细磨、抛光的工序使板材具有良好的光滑度及较高的反射光线能力，抛光后的石材其固有的颜色、花纹得以充分显示，装饰效果更佳。

（6）其他特殊加工

现代的机械技术为石板的加工提供了更多的可能性，除了上述基本方法外还有一些根据设计意图产生的特殊加工方法，如在抛光石材上局部烧毛做出光面毛面相接的效果，在石材上钻孔产生类似于穿孔铝板似透非透的特殊效果等。

（7）喷砂

用砂和水的高压射流将砂子喷到石材上，形成有光泽但不光滑的表面。

对于砂岩及板岩，由于其表面的天然纹理，一般外露面为自然劈开或磨平显示出自然本色而无须再加工，背面则可直接锯平，也可采用自然劈开状态；大理石具有优美的纹理，一般均采用抛光、亚光的表面处理以显示出其花纹，而不会采用烧毛工艺隐藏其优点；而花岗石因为大部分品种均无美丽的花纹则可采用上述所有方法。

(三) 园路设计要点及内容

1. 公园的园路类型分析

一般公园的园路根据重要性、级别和功能分为主园路、次园路、游步道三类。

例如根据某公园设计方案分析，公园内部如果不通行机动车，可允许主园路上通行公园内部电瓶游览车。公园主园路宽度为 2.5 m。主园路贯穿四个入口广场和各景区，形成闭合环状，是全园道路系统的骨架。该公园次园路宽度一般为 2.0~1.5 m，分布于各景区内部联系各景点，以主园路为依托形成闭合环状，次园路类型最多、长度最大，主要为游人游览观景提供服务，不通行电瓶游览车。游步道宽度一般为 1.0~1.2 m，分布在各景点内部，布置灵活多样，如水边汀步、假山蹬道、嵌草块石小道等。

2. 公园园路系统的布局形式

园路系统主要由不同级别的园路和各种用途的园林场地构成。一般园路系统布局形式有套环式、条带式和树枝式三种。

通常公园的园路系统由主园路、次园路、游步道、各入口广场、体育活动场、源水休闲广场、亲水平台等园林场地组成。

公园的园路系统的特征是：主园路形成一个闭合的大型环路，再由很多的次园路和游步道从主园路上分出，并且相互穿插连接与闭合，构成较小的环路。不同级别园路之间是环环相套、互通互连的关系，其中少有尽端式道路。

3. 主园路铺装式样设计

首先确定园路的铺装类型。不同的路面铺装由于使用材料的特点不同，其使用的场所有所不同。如通机动车的主园路一般选择整体现浇铺装，即水泥混凝土路面和沥青混凝土路面为主。

公园主园路不通行机动车，主要通行游人。因此可选择装饰性更好的道路铺装形式，如片材贴面铺装或板材砌砖铺装。

片材是指厚度在 5~20 mm 之间的装饰性铺地材料，常用的片材主要是花岗岩、大理石、釉面墙地砖、陶瓷广场砖和马赛克等。大理石在室外容易腐蚀破损，因此主要用于室内。马赛克规格较小，一般边长在 20~30 mm，最大在 50 mm 以内。由于规格小容易脱落，因此主要用于墙面，地面只做局部装饰。

考虑主园路既能保证一定承载量，同时保证美观，并考虑与自然式公园意境相协调，设计确定主园路铺装形式为片材贴面铺装。采用不规则花岗岩石片冰裂纹碎拼。石片间缝用彩色卵石镶嵌。卵石与石片保持水平以保证游人行走的舒适性。

材料选择为 30 mm 厚、块径 300~500 mm 的不规则黄锈石，冰裂纹碎拼；φ30~50 彩色卵石（白色或黄色）嵌缝，与石板做平。园路边缘设置道牙石。道牙石选用 600 mm×300 mm×50 mm 的青石板。青石板表面处理为荔枝面。

4. 主园路结构剖面设计

主园路不通行机动车，主要通行游人，因此园路对承重要求不高。已确定主园路铺装形式为片材贴面铺装。该类型铺地一般都是在整体现浇的水泥混凝土路面上采用。在混凝土面层上铺垫一层水泥砂浆，起路面找平和结合作用。由于片材薄，在路面边缘容易破碎和脱落，因此该类型铺地最好设置道牙，以保护路面，同时使路面更加整齐和规范。

某园路结构为：路基为素土夯实；路面垫层为 150 mm 厚碎石灌浆填缝；路面基层选用 120 mm 厚素混凝土（即无配筋的混凝土）；路面结合层为 30 mm 厚、1∶3 干硬性水泥砂浆（干硬性是指砂浆拌和物流动性的级别），面上撒素水泥增加对片材的黏结度；路面面层为 30 mm 厚黄锈石，彩色卵石嵌缝，50 mm 厚青石为路缘道牙侧石，略突出路面 20 mm，青石边缘做倒角圆边处理。卵石与黄锈石面平齐，以便保证游人行走的舒适性和安全性。

5. 次园路铺装式样设计

不同景区内的次园路铺装形式根据景区特点有不同要求。

首先确定路面铺装的类型：依据公园设计方案，该次园路为直线形，位于平地。园路铺装的形式可选择整形的板材砌砖铺装。

板材砌砖铺装是指用厚度在 50~100 mm 的整形板材、方砖、预制混凝土砌块铺设的路面。通常包括板材铺地、砌块铺地、砖铺地三种类型。

6. 次园路结构剖面设计

已知确定该次园路铺装的形式为整形的板材砌砖铺装。该类面层材料可作为道路结构面层。可在其下直接铺 30~50 mm 的粗砂作找平的垫层，可不做基层。或以粗砂为找平层，在其下设置 80~100 mm 厚的碎石层作基层，为使板材砌砖面层更牢固，可用 1∶3 水泥砂浆作结合层代替粗砂。

通过设计分析，考虑由于沿海地区园路区域为软土，地下水位高。次园路宜设置垫层为排水、防冻需要；同时设置结构强度高的素混凝土基层，保护路面不沉降。因此路面结构各层设计为：路基为素土夯实；路面垫层为 100 mm 厚碎石层；路面基层为 100 mm 厚 C15 混凝土层；路面结合层为 20 mm 厚、1∶3 水泥砂浆层；路面面层为 300 mm×150 mm×60 mm 的彩色预制混凝土砖。道牙形式为平道牙，材料选择为 50 mm 厚预制 C15 细石混凝土板。

7. 游步道铺装式样设计

游步道主要分布在各景点内部，以深入各角落的游览小路。宽度一般为 1.0~1.5 m。

游步道设计要结合景点环境特点，随地形起伏，高低错落，曲折多变，路面铺装应自然生动，形式多变。

游步道要满足游人的最小运动宽度，一般单人最小宽度为 0.75 m，因此可选择该处游步道宽度为 1.0 m。

确定游步道的铺装类型。该处游步道功能上只满足 1 人游览通行，考虑该处为西面直线次园路的延伸，处于较平整的草地上，因此选用有规则的圆弧曲线线形布置，材料选用规整的石板。同时考虑到园路与草坪的自然融合，综上缘由该处游步道铺装类型选用砌块嵌草铺装。材料选用规格为 1000 mm×400 mm 的毛面红色系中国红花岗岩。相邻的石板间留缝嵌草，石板间缝设计宽度宜小于游人的一步距，即 650 mm。因此相邻石板（以石板间的中心线计算）间隔不超过 700 mm，以便保证游人行走的舒适性。

8. 游步道结构剖面设计

由于游步道功能上只满足 1~2 人游览通行，因此游步道对结构强度要求较低，可以采用厚度小的基层或省略不做。

通过设计分析，确定该处游步道结构设计为：路基为素土夯实；采用 50 mm 厚的粗砂作为垫层，同时起找平的作用；路面面层选用 80 mm 厚毛面花岗岩；不设置道牙。

二、园林场地景观设计

（一）园林场地设计理论

1. 园林场地的类型

园林场地是相对较为宽阔的铺装地面，而园路是狭长形的带状铺装地面。园林场地的主要功能是汇集园景、休闲娱乐、人流集散、车辆停放等。园林场地根据场地的主要功能不同可分为园景广场、休闲娱乐场地、集散场地、停车场和回车场等类型。具有不同实用功能的园林场地类型其设计形式也不相同。

（1）园景广场

园景广场是将园林立面景观集中汇聚、展示在一处，并突出表现宽广的园林地面景观（如装饰地面、花坛群、水景池等）的一类园林场地。园林中常见的门景广场、纪念广场、中心花园广场、音乐广场等，都属于这类广场。第一方面，园景广场在园林内部形成开敞空间，增强了空间的艺术表现力；第二方面，它可以作为季节性的大型花卉园艺展览或盆景艺术展览等的展出场地；第三方面，它还可以作为节假日大规模人群集会活动的场所，而发挥更大的社会效益和环境效益。

（2）休闲娱乐场地

这类场地具有明确的休闲娱乐性质，在现代公共园林中是很常见的一类场地。例如，设在园林中的旱冰场、滑雪场、跑马场、射击场、高尔夫球场、赛车场、游憩草坪、露天茶园、露天舞场、钓鱼区，以及附属于游泳池边的休闲铺装场地等，都是休闲场地。

（3）集散场地

集散场地设在主体性建筑前后、主路路口、园林出入口等人流频繁的重要地点，以人流集散为主要功能。这类场地除主要出入口以外，一般面积都不很大，在设计中附属性地设置即可。

（4）停车场和回车场

停车场和回车场主要指设在公共园林内外的汽车停放场、自行车停放场和扩宽路口形成的回车场地。停车场多布置在园林出入口内外，回车场则一般在园林内部适当地点灵活设置。

（5）其他场地

附属于公共园林内外的场地，还有如旅游小商品市场、花木盆栽场、餐厅杂物院、园林机具停放场等，其功能不一，形式各异，在规划设计中应分别对待。

2. 园林场地的地面装饰类型

园林场地的常见地面装饰类型有图案式地面装饰、色块式地面装饰、线条式地面装饰、台地式分色地面装饰。

（1）线条式地面装饰

地面色彩和质感处理，是在浅色调、细质感的大面积底色基面上，以一些主导性、特征性的线条造型为主进行装饰。这些造型线条的颜色比底色深，也要更鲜艳一些，质地常常也比基面粗，是地面上比较容易引人注意的视觉对象。线条的造型有直线形、折线形，也有放射状、旋转形、流线型，还有长短线组合、曲直线穿插、排线宽窄渐变等富于韵律变化的生动形象。

（2）色块式地面装饰

地面铺装材料可选用3~5种颜色，表面质感也可以有2~3种表现；广场地面不做图案和纹样，而是铺装成大小不等的方、圆、三角形及其他形状的颜色块面。色块之间的颜色对比可以强一些，所选颜色也可以比图案式地面更加浓艳。但是，路面的基调色块一定要明确，在面积、数量上一定要占主导地位。

（3）台地式分色地面装饰

将广场局部地面做成不同材料质地、不同形状、不同高差的宽台地或宽阶形，使地面具有一定的竖向变化，又使某些局部地面从周围地面中独立出来，在广场上创造出特殊的地面空间。其地面装饰对不同高程的台地采用不同色彩和质地的铺地形式。例如，在广场上的雕塑位点周围，设置具有一定宽度的凸台形地面，就能够为雕塑提供一个独立的空间，突出雕塑作品。

（4）图案式地面装饰

用不同颜色、不同质感的材料和铺装方式，在广场地面做出简洁的图案和纹样。图案纹样应规则对称，在不断重复的图形线条排列中创造生动的韵律和节奏。采用图案式手法铺装时，应注意图案线条的颜色要偏淡偏素，绝不能浓艳。除了黑色以外，其他颜色都不要太深太浓。对比色的应用要掌握适度，色彩对比不能太强烈。地面铺装中，路面质感的对比可以比较强烈，如磨光的地面与露骨料的粗糙路面，就可以相互靠近，强烈对比。

3. 园林场地的竖向设计

一般园林场地进行竖向设计时，都要求地面又宽又平，并保持一定的排水坡度，使人既感觉到场地的平坦，又不会在下雨时造成地面积水。不同平面形状的场地，在竖向设计上会有一些不同的要求。

（1）凸形场地

场地周围低、中央高，雨水从中央向周围排，通过外围的雨水口而排出。凸形场地适宜在山头、高地设置，也可用在纪念碑、主题雕塑等需要突出中心景物的广场上。

①园林场地竖向设计要有利于排水，要保证场地地面不积水。为此，任何场地在设计中都要有不小于0.3%的排水坡度，而且在坡面下端要设置雨水口、排水管或排水沟，使地面有组织地排水，组成完整的地上地下排水系统。场地地面坡度也不要过大，坡度过大则影响场地使用。一般坡度在0.5%~5%较好，最大坡度不得超过8%。

②竖向设计应当尽量做到减少土石方工程量，最好要做到土石方就地平衡，避免二次转运，减少土方用工量。场地整平一般采用"挖高填低"方式进行。如果在坡度较大的自然坡地上设置场地，设计时应尽量使场地的长轴与坡地自然等高线相平行，并且设计为向外倾斜的单坡场地，这样可以减少土方工程量，也有利于地面排水。

③场地竖向设计与场地的功能作用有一定的关系。合理的场地竖向设计有利于场地功能作用的充分发挥。例如，广场上的座椅休息区，其地坪设计高出周围20~30cm，使成低

台状，就能够保证下雨时地面不积水，雨后马上可以再供使用。

④广场中央设计为大型喷泉水池时，采用下沉式广场形式，降低广场地坪，就能够最大限度地发挥喷泉水池的观赏作用。园林中纪念性主体建筑的前后场地，采用单坡小广场的竖向设计，使主体建筑位置稍高，显得突出；又使雨水从建筑前向外排出，很好地保护了建筑基础不受水浸。

（2）矩形双坡场地

对面积广大、自然地形平坦的广场用地，可按双向坡面设计成双坡广场。双坡广场两个坡面的交接线自然形成一条脊线，成为广场地面的轴线。轴线的走向最好与广场中轴线相重合，或与广场前主路的中心线相接，以利于地面排水和广场景观。双坡场地的排水，都是从地面轴线两侧向坡面以外排，通过最外侧的集水沟或地下雨水管排除掉。过分狭长的矩形广场，则可在短轴方向另加一条脊线，并在脊线变坡点处做适当的处理，如布置花境或纪念物等，以消除空间过于拉长的感觉。

（3）矩形单坡场地

园林大门前后广场、园林建筑前后的小场地、建在坡地上的小广场等，常常顺着天然坡面做成单坡场地。单坡场地的坡度一般大于 5%，不利于车辆行驶，可作为休息场地，布置一些花坛、草坪，或设计为有乔木遮阴的铺装场地，作为露天茶园。由等高线表达的广场竖向特征可知，这类矩形的单坡广场地面没有明显的轴线；场地排水也是单方向的。

（4）下沉式广场

这类广场近似于盆地形，平面上的形状多成圆形。它可使广场周围的建筑、树木景观得到突出的表现，也使广场地面更低，可以从周围斜向俯瞰，而广场的全貌及其地面景观的观感也就会更好。下沉式广场的排水，可在广场中央地下设置环形雨水暗沟；雨水从广场周围向中央排，通过广场中圈的雨水口排入暗沟。

（二）园林场地景观设计分析及内容

1. 园林场地类型

园林场地根据功能不同可分为园景广场、休闲娱乐广场、集散场地、停车场和回车场、其他场地。园林场地是游人在园林中的主要活动空间。

园景广场是指一处将园林景观（如装饰地面、花坛群、水景池、雕塑等）集中汇聚展示的宽广园林地面，常见的类型有门景广场、纪念广场、中心花园广场、音乐广场等。

休闲娱乐广场具有明确的休闲娱乐性质。如园林中的露天舞场、露天茶厅、旱冰场、滑冰场、赛车场、跑马场、钓鱼台等。

集散场地以人流集散为主要功能，常设在人流频繁的公园出入口、建筑物前、主要路口等重要位置。

某公园的主要园林场地有：东入口广场、西入口广场、南入口广场、北入口广场、体育健身活动广场、源水休闲广场、南北亲水平台、停车场等。

东入口广场、南入口广场、北入口广场以人流集散为主，属于集散场地。

西入口广场以景观装饰为主、人流集散为辅的门景广场，属于园景广场。

北亲水平台上广场设置大型景观张拉膜结构，是公园的平立面构图中心。因此，北亲水平台是以景观装饰为主、亲水休闲活动为辅的园景广场。

体育健身活动广场、源水休闲广场、南亲水平台广场分别是以体育健身活动、品茶、钓鱼亲水等休闲活动为主的广场，属于休闲娱乐场地。

2. 某公园入口广场的平面铺装设计

公园出入口的门景广场，由于人、车集散，交通性较强，绿化用地不能很多，一般都在 10%～30%，其路面铺装面积常达到 70% 以上。

园景广场的铺装面积较大，在广场设计中占重要地位，地面常用整体现浇的混凝土铺装、抹面、贴面、镶嵌及砌块铺装方法进行装饰。园林场地的常见地面装饰类型有：图案式地面装饰、色块式地面装饰、线条式地面装饰、台地式分色地面装饰。

园景广场的铺装地面设计应注意以下四条原则：其一，整体性原则，地面铺装的材料、质地、色彩、图纹等，都要协调统一，不能有割裂现象。其二，主导性原则，即突出主体、主次分明。要有基调和主调，在所有局部区域，都必须有一种主导地位的铺装材料和铺装做法，必须有一种占主导地位的图案纹样和配色方案，必须有一种装饰主题和主要装饰手法。其三，简洁性原则，要求广场地面的铺装材料、造型结构、色彩图纹不要太复杂，适当简单一些，以便于施工。其四，舒适性原则，一般园景广场的地坪整理和地面铺装，都要满足游人舒适地游览散步的需要，地面要平整。地形变化处要有明显标志。路面要光而不滑，行走要安全。

通过分析可知，广场地面一般应以光洁质地、浅淡色调、简明图纹、平坦地形为铺装主导。

入口广场属于园景广场，场地平面形状大致成规则的长方形，周边设置有规则的花坛、水池、景墙、宣传牌等景物布置。可对入口广场进行规则的线条式铺装设计。

首先，整个广场以 400 mm×400 mm×30 mm 的黄锈石花岗岩火烧板贴面顺纹斜铺为基调，形成暖色调的基底，保持广场地面的整体性。其次，以与基调不同质地和色彩的十字交叉线条将广场分为四个局部，形成在大面积底色基面上用主导性的规则线条造型为主的线条式地面装饰类型。

整个广场用 600 mm×600 mm×40 mm 福建 654 号浅灰色荔枝面花岗岩板镶边。明显标记出整个广场的范围，以体现广场的整体性。

整个广场被规则的十字形线条划分为四个局部，左上部为广场入口部分，可进行重点局部装饰。如进行色块式地面装饰，在黄色基底中设置一个规则的浅灰色镶边的红色长方形色块，起到强调和装饰入口的作用。采用材料为 400 mm×400 mm×30 mm 的枫叶红花岗岩火烧板为色块，400 mm×600 mm×30 mm 福建 614 号荔枝面花岗岩板为浅灰色镶边。该处也可设置成装饰性更强的图案式地面装饰，可选择与公园主题或性质相符的图案进行装饰。

3. 入口广场的竖向设计

一般场地在竖向设计中，都要求将地面整理成又宽又平，并保持一定的排水坡度。不同平面形状的场地根据原地形现状可设计为单坡场地、双坡场地、下沉场地、凸形场地等类型。

入口广场自然地形平坦，面积比较大，通过分析确定入口广场竖向设计为双坡场地。把两个坡面的交接线自然形成一条脊线，成为广场的东西轴线。场地从广场东西轴线两侧向坡面以外排水，通过最外侧的集水沟或地下雨水管排除。坡度取值为 1%，广场地面最高点控制高程为 24.300mm。周边花池高 450 mm，花池内种植土高程为 24.750 mm。

4. 入口广场的场地结构设计

场地的结构设计方法基本与园路的结构设计相同。

入口广场的功能主要为景观装饰，人流集散为次。主要供游人赏景和交通，不通行机动车。因此场地的荷载不大，场地对结构要求不高。选用铺装形式为装饰效果好的片材贴面铺装。选用材料主要为不同品种颜色的花岗岩，形成平面铺装式样。

确定铺装形式为片材贴面铺装。由于片材材料薄，一般为 5~20 mm。这类铺装一般都要求在整体现浇的水泥混凝土基层上采用。该广场片材选用厚度为 30 mm 的黄锈石、红锈石、枫叶红、福建 614 号、福建 654 号等品种的花岗岩片材。

在厚度为 100 mm C20 混凝土基层上铺垫一层厚度为 25 mm 的 1∶2 水泥砂浆，起路面找平和结合作用。设置 150 mm 厚碎石垫层。场地基础为原土夯实。

片材贴面铺装其边缘最好设置道牙石，使场地边缘整齐规范。该广场用 40 mm 厚的浅灰色福建 654 号荔枝面花岗岩收边。

5. 其他类型场地的设计

该公园还有其他广场类型。如南入口广场东侧有停车场的设置，分析停车场地的平面布局，对停车场地进行铺装设计和结构设计。

公园在西南位置设置了体育活动广场，为游人提供健身活动的场所和器材。分析体育活动场地的平面布局，对体育活动场地进行铺装设计和结构设计。

（三）常见园林场地类型的设计

1. 游戏场的设计

游戏场设计要点。公园内的游戏场要与安静休憩区、游人密集区及城市干道之间，应用园林植物或自然地形等构成隔离地带。幼儿和学龄儿童使用的器械，应分别设置。游戏内容应保证安全、卫生和适合儿童特点，有利于开发智力，增强体质。不宜选用强刺激性、高能耗的器械。

游戏设施的设计应符合下列规定：①机动游乐设施及游艺机，应当符合游乐设施安全规范的规定。②儿童游戏场内应设置坐凳及避雨、庇荫等休憩设施。③宜设置饮水器、洗手池。④儿童游戏场内的建筑物、构筑物及设施的要求：室内外的各种使用设施、游戏器械和设备应结构坚固、耐用，并避免构造上的硬棱角；尺度应与儿童的人体尺度相适应；造型、色彩应符合儿童的心理特点；根据条件和需要设置游戏的管理监护设施。⑤戏水池最深处的水深不得超过 0.35m，池壁装饰材料应平整、光滑且不易脱落，池底应有防滑措施。

游戏场地面场内园路应平整，路缘不得采用锐利的边石；地表高差应采用缓坡过渡，不宜采用山石和挡土墙；游戏器械地面宜采用耐磨、有柔性、不扬尘的材料铺装。

2. 停车场的设计

停车场的位置，一般设在园林大门以外，尽量布置在大门的同一侧。大门对面有足够面积时，停车场可酌情安排在对面。少数特殊情况下，大门以内也可划出一片地面作停车场。在机关单位内部没有足够土地用作停车场时，也可扩宽一些庭院路面，利用路边扩宽区域作为小型的停车场。面临城市主干道的园林停车场，应尽可能离街道交叉口远些，以免造成交叉口处的交通混乱。停车场出入口与公园大门原则上都要分开设置。停车场出入口不宜太宽，一般设计为 7~10m。

园林停车场在空间关系上应与公园、风景区内部空间相互隔离，要尽量减少对园林内部环境的不利影响，因此一般都应在停车场周围设置高围墙或隔离绿带。停车场内设施要简单，要保证车辆来往和停放通畅无阻。

停车场内车辆的通行路线及倒车、回车路线必须合理安排。车辆采用单方向行驶，要尽可能取消出入口处出场车辆的向左转弯。对车辆的行进和停放，要设置明确的标志加以指引。地面可绘上不同颜色的线条，来指示通道，划分车位和表明停车区段。不同大小长短的车型，最好能划分区域，按类停放，如分为大型车区、中型车区和小型微型车区等。

根据不同的园林环境和停车需要，停车场地面可以采用不同的铺装形式。城市广场、公园的停车场一般采用水泥混凝土整体现浇铺装，也常采用预制混凝土砌块铺装或混凝土砌块嵌草铺装；其铺装等级应当高一点，场地应更加注意美观整洁。风景名胜区的停车场则可视具体条件，采用沥青混凝土和泥结碎石铺装为主；当然如条件许可，也可采用水泥混凝土或预制砌块来铺装地面。为保证场地地面结构的稳定，地面基层的设计厚度和强度都要适当增加。为了地面防滑的需要，场地地面纵坡坡度在平原地区不应大于 0.5%，在山区、丘陵区不应大于 0.8%。从排水通畅方面考虑，地面也必须有不小于 0.2% 的排水坡度。

车辆的停放方式，按车辆沿着停车场中心线、边线或道路边线停放时有三种：平行式、垂直式、斜角式。停车方式对停车场的车辆停放量和用地面积都有影响。

①垂直式。车辆垂直于场地边线或道路中心线停放，每一列汽车所占地面较宽，可达 9~12m；并且车辆进出停车位均须倒车一次。但在这种停车方式下，车辆排列密集，用地紧凑，所停放的车辆数也最多；一般的停车场和宽阔停车道都采用这种方式停车。

②平行式。停车方向与场地边线或道路中心线平行。采用这种停车方式的每一列汽车，所占的地面宽度最小，因此这是适宜路边停车场的一种方式。但是为了车辆队列后面的车能够驶离，前后两车间的净距要求较大；因而在一定长度的停车道上，这种方式所能停放的车辆数比用其他方式少 1/2~2/3。

③斜角式。停车方向与场地边线或道路边线成 45°斜角，车辆的停放和驶离都最为方便。这种方式适宜停车时间较短、车辆随来随走的临时性停车道。由于占用地面较多，用地不经济，车辆停放量也不多，混合车种停放也不整齐，所以这种停车方式一般应用较少。

根据停车场位置关系、出入口的设置和用地面积大小，一般的园林停车场可分为停车道式、转角式、浅盆式和袋式等四种。

3. 园林场地与园路的交接

园路与园林场地的交接，主要受场地设计形式的制约。规则场地中，园路与其交接有平行交接、正对交接和侧对交接等方式。对于圆形、椭圆形场地，园路在交接中要注意，应以中心线对着场地轴心（即圆心）进行交接，而不要随意与圆弧相切交接。这就是说，在圆形场地的交接应当严格对称，因为圆形场地本身就是一种多轴对称的规则形。

园路与不规则的自然式场地相交接，接入方向和接入位置就没有多少限制了。只要不过多影响园路的通行、游览功能和场地的使用功能，则采取何种交接方式完全可依据设计而定。

第三章　景观规划设计的原则

第一节　景观规划设计的原则

一、科学性原则

（一）科学性依据与分析

景观设计的科学性原则主要体现在对景观基地客观因子的科学性分析上。景观基地分析的科学依据主要来自设计基地的各类客观自然条件和社会条件，包括该基地的地理条件、水文情况、地方性气候、地质条件、矿物资源、地貌形态、地下水位、生物多样性、土壤状况、花草树木的种植需求和生长规律、区域经济状况、道路交通设施条件等。

对基地条件的分析要运用到相应的科学技术手段。例如：运用地理信息系统（GIS）技术对基地因子进行数据建模和分析，从而得出土地适宜性的结论；通过对景观类型环境因子的分析，推导出适宜的景观廊道空间；通过对地势地形的三维空间分析及坡度坡向分析，为后期设计布局提供参考；等等。

此外，多学科的多元性交流，也是景观设计科学性原则的一个重要体现。在景观设计中要运用到很多交叉学科的知识，包括生态学、建筑学、植物学、人体工程学、环境心理学、市政工程学等。例如：在景观设施的布局与设计上，要利用人体工程学的知识，充分考虑人在户外活动中的各类适宜尺度；在各类景观空间的营造上，要运用到环境心理学的知识，根据不同空间给人带来的不同心理感受，去营造与之相匹配、相协调的景观环境和节点。

（二）设计技术规范

景观设计需要严格遵守相关国家标准设计规范，这也是设计方案能最终实施的科学性保障。与园林景观设计相关联的行业规范大致可分为绿地园林类、建筑类、城市规划类、道路交通类、工程设施类、电力照明类、环境保护类、文物保护类。这其中涉及国家标准、法律、行政法规、地方性法规、技术标准与规范等。

二、生态性原则

景观规划应尊重自然，显露生态本色，保护自然景观，注重环境容量的控制，增加生态多样性。自然环境是人类赖以生存和发展的基础，其地形地貌、河流湖泊、绿化植被等要素共同构成了城市的宝贵景观资源。尊重并强化城市的自然生态景观特征，使人工环境与自然生态环境和谐共处，有助于城市特色的创造。

（一）保护、节约自然资源

地球上的自然资源分为可再生资源（如水、森林、动物等）和不可再生资源（如石油、煤等）。要实现人类生存环境的可持续，必须对不可再生资源加以保护和节约使用。即使对可再生资源，也要尽可能地节约使用。

在景观规划设计中要尽可能使用可再生原料制成的材料，尽可能将场地上的材料循环使用，最大限度地发挥材料的潜力，减少生产、加工、运输材料而消耗的能源，减少施工中的废弃物，并且保留当地的文化特点。

（二）生物多样性原则

景观设计是与自然相结合的设计，应尊重和维护生物的多样性。生物多样性既是城市人们生存与发展的需要，也是维持城市生态系统平衡的重要基础。尊重和维护生物多样性，包括对原有生物生息环境的保护和新的生物生息环境的创造；保护城市中具有地带性特征的植物群落，包括有丰富乡土植物和野生动植物栖息的荒废地、湿地，以及盐碱地、沙地等生态脆弱地带；保护景观斑块、乡土树种及稳定区域性植物群落。

（三）生态位原则

所谓生态位，即物种在生态系统中的功能作用以及时间与空间中的地位。在有限的土地上，根据物种的生态位原理实行乔、灌、藤、草、地被植被及水面相互配置，并且选择各种生活型（针阔叶、常绿落叶、旱生湿生水生等）以及不同高度和颜色、季相变化的植物，充分利用空间资源，建立多层次、多结构、多功能、科学的植物群落，构成一个稳定的、长期共存的复层混交立体植物群落。

（四）可持续发展原则

园林绿地作为现代城市中唯一具有自净能力的组成部分和城市人工生态平衡系统中的重要一环，是城市建设过程中对自然所造成破坏的一种修复和补偿。运用生态思维、遵循生态原理去创造更富生机、生态兼容的生活环境，是社会和谐发展的必然要求。

可持续发展是当前低碳社会发展的基本原则，它具体指景观设计能够产生较高的生态效能与社会效用，从而满足城市的健康、协调发展。城镇景观体系在规划和设计过程中要更多地考虑生态城市的标准，以生态效果为中心，以环境保护为导向的城市景观规划才更加符合现代城市可持续发展的要求。

三、美学原则

审美体验是从事景观设计的美学基础，景观空间必须具有一定的艺术审美性，使城市形成连续和整体的景观系统。景观审美一方面赋予了城市特有的艺术性质，一方面也要符合美学及行为模式的一般规律，做到观赏与实用并存。

在景观设计中存在三种不同层次的审美价值：表层的形式美、中层的意境美和深层的意蕴美。表层的形式美表现为"格式塔"，是作用于人的感官的直接反映。景观作为客观的存在，在进行主观性审美时，就是通过形式美展现出来的。中层的意境美是视觉、情感和想象的产物，它是通过有限物象来表达无限意象的空间感觉。深层的意蕴美则是人的心灵、情感、经验、体验共同作用的结果。景观作为艺术的终极目的在于意蕴美，其审美机制是景观整体特征与主体心灵图式的同构契合。

四、文化性原则

园林景观作为城市整体环境中的一部分，无论是人工景观，还是自然环境的开发，都必然要与城市的地域文化产生多方面的联系。景观是保持和塑造城市风情、文脉和特色的重要载体。作为一种文化载体，任何景观都必然地处于特定的自然环境和人文环境，自然环境条件是文化形成的决定性因素之一，影响着人们的审美观和价值取向，同时，物质环境与社会文化相互依存，相互促进，共同成长。

景观设计要体现其文化内涵，首先要秉承尊重地域文化的原则。人们生活在特定的自然环境中，必然形成与环境相适应的生产生活方式和风俗习惯，这种民俗与当地文化相结合形成了地域文化。厘清历史文脉的脉络，重视景观资源的继承、保护和利用，以自然生态条件和地带性植被为基础，将民俗风情、传统文化、宗教、历史、文物等融合在景观环境中，使景观具有明显的地域性和文化性特征，产生可识别性和特色性，是景观设计的核心精神。

在进行景观创作及景观欣赏时，必须分析景观所在地的地域特征、自然环境，结合地区的文化古迹、自然环境、城市格局、建筑风格等，将这些特色因素综合起来考虑，入乡随俗，见人见物，充分尊重当地的民族风俗，尊重当地的礼仪和生活习惯，从中抓主要特点，经过提炼，融入景观作品中，这样才能创作出优秀的、舒适宜人的、具有个性且有一定审美价值的公共景观空间作品，才能被当时当地的人和自然接受、吸纳。

第二节　景观规划设计理念的形成

一、从客观因子推导景观设计方案

（一）生态规划法推导景观设计方案

用生态规划法推导景观设计方案是指以生态为侧重点，利用"适宜度模型"的技术手段，对场地自然地理因素（地质、水文、气候、生态因子等）进行详尽的科学分析，从而判断土地开发规划的最佳布局。

场地的自然生态不仅仅是一个表象和客观解释，而且是一个对未来的指令。以景观垂直生态过程的连续性为依据，使景观的改变和土地利用方式适用于生态可持续发展的方法。"千层饼模式"具体是阐述在时间作用下生物因素与非生物因素的垂直流动关系，即根据区域自然环境与资源的性能，通过矩阵、兼容度分析和排序结果来标志生态规划的最终成果，即土地建设、景观生态建设开发适宜程度，从而确保土地的开发与人类活动、场地特征、自然过程的协调一致。

任何场地都是历史、物质和生物过程的综合体。通过地质、历史、气候、动植物，甚至场地上生存的人类，暗示了人类可利用的机会和限制。因此，场地都存在某种土地利用的固有适宜性。"场地是原因"，这个场地上的一切活动首先应该去解释的原因，也就是通过研究物质和生物的演变去揭示场地的自然特性，然后根据这些特性，找出土地利用的固有适宜性，从而达到土地的最佳利用。

"千层饼模式"的理论与方法赋予了景观设计以某种程度上的科学性质，景观规划成为可以经历种种客观分析和归纳的、有着清晰界定的一项工作。

（二）由社会人文因子推导景观设计方案

除了基地的自然生态因子，基地所处的社会环境、地域背景、人文风俗等非物质因素，是推导景观设计方案的另一部分重要考量。如今，城市园林景观设计中出现了很多类似的形态和模式，缺乏特色和辨识度，千篇一律，究其原因就是景观设计缺乏对设计基地社会人文因子的认知和考虑。

首先，人的因素是其他各类因素在景观环境中存在的前提与基础。现代景观在自然进化与人类活动的相互作用中产生，景观设计应当更多地关注人与自然之间存在的关系与感受。在现代景观的设计过程中，并不是一味地对自然进行模仿，而是要充分考虑人对景观环境的需求和适应性。

其次，现代景观设计中要对人文元素的演变、内容，地域、民族的思维方式、审美取向等进行分析。世界观与人生观在思想文化中有着非常重要的地位，起着决定性作用。在设计过程中要避免出现千篇一律的现象，以设计艺术为协调手段实现人文元素在现代景观设计中的融入，实现对历史文脉的延续和保护，从而更好地实现人与自然之间的和谐共处。

二、从主观意向推导景观设计方案

设计师是景观设计方案的主导者。而设计师作为个体存在，本身是具有强烈的主观色彩的。一套景观设计方案的形成，大部分来自主创人员建立在客观理性判断上的主观引导、构想及意念的渗透。

设计者的主观思想包涵其审美倾向、文化认知、心理情绪等。意念渗透主要指设计者对项目方案的主导构想、风格定位、寓意的表达等。用不多的设计语言，让人们充分地感受到了场地的属性。

三、从抽象到具象的设计演变

景观方案构思的过程是一个从无到有的过程，也是一个从抽象逐步具象的过程。在这个过程中，用到一些手段和方法，例如草图构思、模仿、符号演变、联想延展等。

（一）草图构思

在方案概念形成之初，设计师往往会运用草图勾勒最初的雏形和思路，是表达方案结果最直接的"视觉语言"。在设计创意阶段，草图能直接反映设计师构思时的灵光闪现，所带来的结果往往是无法预见的，而这种"不可预知性"正是设计原创精神的灵魂所在。

概念草图描绘的过程也是一个发现的过程，是设计师对物质环境进行深度观察和描绘后提升到对一个未来可能发生的景象的想象和形态的落实。通过草图所追求的并非是最终的"真实呈现"或"图像"，而是最初的探索和突破，探索新鲜的创意，突破陈旧的模式。

景观设计的概念草图具体可分为结构草图、原理草图和流程草图。结构草图包括平面的布局分区、路网轴线的形态、空间的围合和起伏等；原理草图主要指景观工程原理方面；流程草图包括景观施工流程、植物生长变化过程等。虽然概念草图作为粗略的框架和结构，还有待于进一步论证和调整，但是这种方式在构思的过程中有利于沟通交流、捕捉灵感、自由发挥、不受约束地将想法较明确地表达出来，也非常方便随意修改。

（二）模仿

模仿法的核心在于通过外在的物质形态或者想法和构思来激发设计灵感。使用模仿法构思设计方案，可以大致分为形态模仿、结构模仿和功能模仿。形态模仿，一般是指平面或立面上的空间景观外在形态呈现出类似某物质形态的状态。例如，北京奥林匹克公园的水系是模仿龙的形态设计的。结构模仿，在景观设计领域主要体现在对景观物质空间布局或单体构筑空间结构上的模拟。例如，中国古典园林中的"框景""漏窗"，既是一种模仿镜框的造景手法，也是一种景观结构，这种让视线渗透的虚空间结构被广泛地运用在各类园林营造中。功能模仿，在景观设计中主要是指对于一些景观功能的复制与呈现，例如观赏功能、游憩功能、互动功能、点景功能等。

（三）符号演变

符号是一种特定的媒介物，人们能正常、有效地进行交流，得益于符号的建立和应用。景观符号是一个重要的元素，其基本意义在于传递景观的特定文化意义及相关信息，同时还能够表现出装饰的社会意义及审美意义。

从设计的角度来讲，许多设计方案都来自对某抽象符号的演变与延伸。首先，直接感受到符号在景观设计的表象方面的意义。最典型的方式就是利用平面或立体的方式，将景观之中应用的符号进行物化，让人们在景观之中有非常直观的视觉感受。例如以苏州博物馆为代表的设计方式，就是将一些代表地域特色的民间图案或建筑的营造方式以纹样、浮雕或符号提炼的形式布置在景园中。其次，在景观设计中体验到符号的文化象征寓意。象征功能是认知功能体现的重要方面。象征功能传达出某物"意味着什么"的信息内涵。

将符号引入景观规划与设计时，切忌将符号缺乏创意地拼凑和嫁接，忽略背后的文化价值和寓意。一定要在对其文化背景和理念深层了解的基础上，将其元素以符合现代审美的形象与所表达的主题相结合，否则会有生搬硬套的肤浅感。还要注意设计中建筑、景观与环境的协调关系。

（四）联想延展

要用联想法进行方案构思，设计师必须具备丰富的实践经验、较广的见识、较好的知识基础及较丰富的想象力。因为联想法是依靠创新设计者从某一事物联想到另一事物的心理现象来产生创意的。

按照进行联想时的思维自由程度、联想对象及其在时间、空间、逻辑上所受到的限制的不同，把联想思维进一步具体化为各种不同的、具有可操作性的具体技法，以指导创新设计者的创新设计活动。

1. 非结构化自由联想

非结构化自由联想是在人们的思维活动过程中，对思考的时间、空间、逻辑方向等方面不加任何限制的联想方法。这种联想方法在解决疑难问题时，新颖独特的解决方法往往出其不意地翩然而至，是长期思考所累积的知识受到触媒的引燃之后，产生灵感所致的。

2. 相似联想

相似联想循着事物之间在原理、结构、形状等方面的相似性进行想象，期望从现有的事物中寻找创新的灵感。例如，某景区铺地的造型是由下雨雨滴泛起涟漪的景象联想而来的。

3. 接近联想

接近联想是指创新者以现有事物为思考依据，对与其在时间上、空间上较为接近的事物进行联想来激发创意。如相似造型采用不同的材料，从而形成新的形态。

4. 对比联想

对比联想是根据现有事物在不同方面已经具有的特性，向着与之相反的方向进行联想，以此来改善原有的事物，或创造出新事物。运用对比联想法时，最好先列举现有事物在某方面的属性，而后再向着相反的方向进行联想。

第三节　景观物质空间营造方法与风格

一、中国古典园林造园手法

中国古典园林造园技法精湛，以模拟自然山水为精髓，追求"天人合一"的境界，是东方园林的典型代表，在世界园林史上占有重要的地位。

运用现代空间构图理论对中国古典园林造园术做系统深入的分析，可以将中国古典造园原则归纳为因地制宜、顺应自然、以山水为主、双重结构、有法无式、重在对比、借景对景、延伸空间。具体的营造模式表现为主从与重点、对比与协调、藏与露、引导与示意、疏与密、层次与起伏、实与虚等。

（一）主从与重点

主从原则在中国古典大、中、小园林中都有着广泛的运用。特大型皇家苑囿由于具有一定体量的规模，对制高点的控制力要求很高；大型园林一般多在组成全园的众多空间中选择一处作为主要景区；对于中等大小的园林来讲，为使主题和重点得到足够的突出，则必须把要强调的中心范围缩小一点，要让某些部分成为重点之中的重点。由此可见，由于规模、地形的区别，不同园区主从原则的具体处理方法不尽相同，主要有以下几种：

1. 轴线处理

轴线处理的方法，是将主体和重点置于中轴线上，利用中轴线对于人视线的引导作用，来达到突出主体景物的目的。最典型的是北海的画舫斋。

2. 几何中心

利用园林区域的几何中心在中小型园林中较为常见，这些园林面积较小且形状较为规则，利用几何中心可以很好地达到突出主体的作用，如作为全园重心的北海的琼华岛。

3. 主景抬高

对于特大型的皇家园林，主体景区必须有足够的体量和气势，增加主景区的高度是常用的方法。其中最典型的是颐和园，万寿山是颐和园中的高地，佛香阁便建立在万寿山上，利用山的高度增强了它作为制高点的控制力。

4. 循序渐进

中国古典文化有欲扬先抑的思想，即通过抑来达到感情的升华。相对而言，配景多采取降低、小化、侧置等方式配置，纳入统一的构图之中，形成主从有序的对比与和谐，从而烘托出主景。

（二）对比与协调

在古典园林中，空间对比的手法运用得最普遍，形式多样，颇有成效，主要通过主与次、小中见大、欲扬先抑等手法来组织空间序列。以大小悬殊的空间对比，求得小中见大的效果；以入口曲折狭窄与园内主要空间开阔的对比，体现欲扬先抑的效果；入口封闭，突出主要空间的阔大；不同形状的空间产生对比，突出院内主要景区；等等。

拙政园在入口处就明显地运用了这种手法。拙政园的入口做得比较隐蔽，有意隔绝院内与市井的生活。入口位于中园的南面，首先通过一段极为狭窄的走廊之后，到达腰门处，空间上暂时得到放宽，出现一个相对较宽阔的空间，形成一个小的庭园。

（三）藏与露

所谓"藏"，就是遮挡。"藏景"即是指在园林建造、景物布局中讲究含蓄，通过种种手法，将景园重点藏于幽处，经曲折变化之后，方得佳境。

藏景包括两种方法：一是正面遮挡，另一种是遮挡两翼或次要部分而显露其主要部分。后一种较常见，一般多是穿过山石的峡谷、沟壑去看某一对象或是藏建筑于茂密的花木丛中。例如扬州壶园，由于藏厅堂于花木深处，园虽极小，但景和意却异常深远。

所谓"露"，就是表达与呈现。景观的表露也分两种：一种是率直地、无保留地和盘托出；另一种是用含蓄、隐晦的方法使其引而不发，显而不露。传统的造园艺术往往认为露则浅而藏则深，为忌浅露而求得意境之深邃，则每每采用欲显而隐或欲露而藏的手法，把某些精彩的景观或藏于偏僻幽深之处，或隐于山石、树梢之间。

藏与露是相辅相成的，只有巧妙处理好两者关系，才能获得良好的效果。藏少露多谓浅藏，可增加空间层次感；藏多露少谓深藏，可以给人极其幽深莫测的感受。但即使是后者，也必须使被藏的"景"得到一定程度的显露，只有这样，才能使人意识到"景"的存在，并借此产生引人入胜的诱惑力。

（四）引导与示意

一座园林的创作，关键在于引导的处理。引导是一个抽象的概念，它只有与具体景象要素融会一气，才能体现园林思想与实景内容。引导可以决定景象的空间关系，组织景观的更替变化，规定景观展示的程序、显现的方位、隐显的久暂以及观赏距离。

引导的手法和元素是多种多样的，可以借助于空间的组织与导向性来达到引导与示意的目的。除了常见的游廊以外，还有道路、踏步、桥、铺地、水流、墙垣等，很多含而不露的景往往就是借它们的引导才能于不经意间被发现，而产生一种意想不到的结果。例如宽窄各异、方向不一的道路能够引起人们探幽的兴趣，正所谓"曲径通幽"。

示意的手法包括明示和暗示。明示是指采用文字说明的形式，如路标、指示牌等小品。暗示可以通过地面铺装、树木的有规律布置，指引方向和去处，给人以身随景移、"柳暗花明又一村"的感觉。

（五）疏与密

为求得气韵生动，不致太过均匀，在布局上必须有疏有密，而不可平均对待。传统园林的布局恪守这一构图原则，使人领略到一种忽张忽弛、忽开忽合的韵律节奏感。"疏与密"的节奏感主要表现在建筑物的布局以及山石、水面和花木的配置四个方面。其中尤以建筑布局最为明显，例如苏州拙政园，它的建筑的分布很不均匀，疏密对比极其强烈。拙政园南部以树林小院为中心，建筑高度集中，屋宇鳞次栉比，内部空间交织穿插，景观内容繁多，步移景异，应接不暇。节奏变化快速，游人的心理和情绪必将随之兴奋而紧张。而偏北部区域的建筑则稀疏平淡，空间也显得空旷和缺少变化，处在这样的环境中，心情自然恬静而松弛。

（六）层次与起伏

园林空间由于组合上的自由灵活，常可使其外轮廓线具有丰富的层次和起伏变化，借这种变化，可以极大地加强整体园林立面的韵律节奏感。

景观的空间层次模式可分为三层，即前景、中景与背景，也叫近景、中景与远景。前景与背景或近景与远景都是有助于突出中景的。中景的位置一般安放主景，背景是用来衬托主景的，而前景是用来装饰画面的。不论近景与远景或前景与背景都能起到增加空间层次和深度感的作用，能使景色深远、丰富而不单调。

起伏主要通过高低错落来体现。比较典型的例子是苏州畅园，它本处于平地，但为了求得高低错落的变化，就在园区的西南一角以人工方法堆筑山石，并在其上建一六角亭，再用既曲折又有起伏变化的游廊与其他建筑相连，唯其地势最高，故题名为"待月亭"。

（七）实与虚

实与虚在景观设计中的运用可以起到丰富景观层次、增强空间审美、营造意境的作用。它可使人们的视觉及心理感受愉悦，具有很突出的形式美感。

景观园林中的"实"，顾名思义，是在空间范畴内真实存在的景观界面，是一个实际存在的实体。古典园林中的山水、花木、建筑、桥廊等都是所谓的实景。"虚"可以理解成"实"景以外的景观，即视觉形态与其真实存在不一致的一面，它一般没有固定的形态，也可能不存在真实的物体，一般通过视觉、触觉、听觉、嗅觉等去感知，例如光影、花香、水雾等。

虚与实既相互对立又相辅相成，二者是互为前提而存在的，只有使虚实之间互相交织穿插而达到虚中有实、实中有虚，无虚不能显实、无实不能存虚，这样才能使园林具有轻巧灵动的空间。

（八）空间序列

空间序列组织是关系到园林的整体结构和布局的全局性问题，要求从行进的过程中能把单个的景连成序列，进而获得良好的动观效果，即"步移景异"。"步移"标志着运动，含有时间变化的因素；"景异"则指因时间的推移而派生出来的视觉效果的改变。简言之，"步移景异"就是随着人视点的改变，所有景物都改变了原有状态，也改变了相互之间的关系。

园林空间序列具有多空间、多视点、连续性变化的特点。传统园林多半会规定出入口和路线、明确的空间分隔和构图中心，主次分明。一般简单的序列有两段式和三段式，其间还有很多次转折，由低潮发展至高潮，接着又经过转折、分散、收缩到结束。

（九）园林理水

园林理水从布局上看大体可分为集中与分散两种处理形式，从情态上看则有静有动。中小园林由于面积有限，多采用集中用水的手法，水池是园区的中心，沿水池周围环列建筑，从而形成一种向心、内聚的格局；大面积积水多见于皇家苑囿；少数园林采用化整为零的分散式手法把水面分隔成若干相互联通的小块，各空间环境既自成一体，又相互连通，从而具有一种水陆萦洄、岛屿间列和小桥凌波而过的水乡气氛，可产生隐约迷离和来去无源的深邃感。

（十）对景

所谓对景之"对"，就是相对之意。在园林中，从甲观赏点观赏乙观赏点；从乙观赏点观赏甲观赏点的构景方法叫作对景。它多用于园林局部空间的焦点部位，一般指位于园林轴线及风景视线端点的景物。多用园林建筑、雕塑、山石、水景、花坛等景物作为对景元素，然后按照疏密相间、左右参差、高低错落、远近掩映的原则布局。

对景按照形式可分为正对和互对。正对是指在道路、广场的中轴线端部布置的景点或以轴线作为对称轴布置的景点；互对是指在轴线或风景视线的两端设景，两景相对，互为对景。对景一般要配合平面和空间布局的轴线来设置。按照轴线布局的形式，对景可分为单线对景、伞状对景、放射状对景和环形对景。

1. 单线对景

单线对景是观赏者站在观赏地点，前方视线中有且只有一处景观，此时构成一条对景视线。单线对景中，观赏点可以在两处景观任意一端的端点，也可以位于两处景观之间。例如拙政园西南方向，是人流相对较为稀疏的地方，塔影亭成功地打破了冷落的气氛，并且距离相对较远，形成纵深感，与留听阁形成一条南北走向的轴线，是非常成功的单线对景处理。

2. 伞状对景

伞状对景是站在观景点向前方看去，在平面展开180°的视野范围内可观赏到两处或两处以上的景观，所以从观景点向前方多个景观点做连线，比如从观景点向景观 A、景观 B 和景观 C 分别发出一条射线，就是一个"伞"形的关系。

例如拙政园的宜两亭，以宜两亭为观景点呈伞状向前方延伸视线，可以观赏鸳鸯馆、与谁同坐轩、浮翠阁、倒影楼、荷风亭这五处风景，景观之间的视线关系在平面图上画出如一把撑开的雨伞的骨架。

伞状对景使得观景者在一点静止不动就可以观赏园内多处景观，所以伞状对景手法比单线对景手法更容易把园内景观充分地联系起来，形成"一点可观多景"的趣味性。

3. 放射状对景

放射状对景是以观景点为中心向东、南、西、北四个方向皆有景可对，观景点处可全方位地观景，通常在园林中心位置或者地势绝佳处可以做出放射状对景的景观形式。形成放射状对景的观景点会以离心形式向四周延伸观赏视线。放射式对景的运用对地形要求很高，一般用于大型园林。

4. 环形对景

南方园林构景常以水池为中心，建筑和景观常围绕在水池四周，所以景观通常形成环形的布局。一景对一景这样呈环形延续下去，彼此之间都形成对景，即环形对景。

环形对景可以配合观赏者脚步的移动，和引景手法相结合，既满足了景观的连续性，即景中有景，每个景观处都可以观景，也可以"被观"，可以给观赏者带来强烈的心理满足感。

借景是中国园林艺术的传统手法。有意识地把园外的景物"借"到园内可透视、感受的范围中来，称为借景。它与对景的区别是视廊是单向的，只借景不对景。一座园林的面积和空间是有限的，为了丰富游赏的内容，扩大景物的深度和广度，除了运用多样统一、迂回曲折等造园手法外，造园者还常常运用借景的手法，收无限于有限之中。

借景手法的运用重点是设计视线、把控视距。借景有远借、邻借、仰借、俯借、应时而借之分。借远景之山，叫远借；借邻近的景色，叫邻借；借空中的飞鸟，叫仰借；借登高俯视所见园外景物，叫俯借；借四季的花或其他自然景象，叫应时而借。

（十一）框景与隔景

框景，顾名思义，就是将景框在"镜框"中，如同一幅画。利用园林中的建筑之门、窗、洞、廊柱或乔木树枝围合而成的景框，往往把远处的山水美景或人文景观包含其中，四周出现明确界线，产生画面的感觉，这便是框景。有趣的是，这些画面不是人工绘制的，而是自然的，而且画面会随着观赏者脚步的移动和视角的改变而变换。

隔景是将园林绿地分隔为不同空间、不同景区的景物。"俗则屏之，嘉则收之"，其意为将乱差的地方用树木、墙体遮挡起来，将好的景致收入景观中。

隔景的材料有各种形式的围墙、建筑、植物、堤岛、水面等。隔景的方式有实隔与虚隔之分。实隔是游人视线基本上不能从一个空间透入另一个空间，以建筑、山石、密林分隔，造景上便于独创一格。虚隔是游人视线可以从一个空间透入另一个空间，以水面、疏林、廊、花架相隔，可以增加联系及风景层次的深远感。虚实相隔，游人视线有断有续地从一个空间透入另一个空间。以堤、岛、桥相隔或实墙开漏窗相隔，形成虚实相隔。

二、现代景观设计方法

（一）构思与构图

构思是景观设计最重要的部分，也可以说是景观设计的最初阶段。构思首先考虑的是满足其使用功能，充分为地块的使用者创造、规划出满意的空间场所，同时不破坏当地的生态环境，尽量减少项目对周围生态环境的干扰；然后，采用构图及各种手法进行具体的方案设计。构思是一套景观方案的灵魂及主导。首先，构思包含了设计者想赋予该设计地块的文化寓意、美学意念和构建蓝图；其次，它是后期方案设计构架的框架结构；最后，构思是一个须经过客观论证和主观推敲的过程，由此它也成为方案最终能落实的基本保障。

构思的方式多样，每一种都有自己的特色，可以为后期的方案设计提供富有创意的线索。例如，运用设计草图的自由性和灵活性捕捉灵感，运用平面构成的美学原理构建平面和空间造型，运用符号学原理将某一种符号进行空间联想展开，然后运用到实际的景观营造中，对空间进行增减组合，等等。

构图是要以构思为基础的，构图始终要围绕着满足构思的所有功能来进行。景观设计的构图既包括二维平面构图，也涵盖三维立体构图。简言之，构图是对景观空间的平面和立体空间的整体结构按照构成原理进行梳理，从而形成一定的规律和脉络，也是空间形式美的一种具体表现。

平面构图主要表现在园区内道路、绿地景观等分布的位置以及互相之间的比例关系上；立体构图具体体现在地块内所有实体内容上，尤其是建筑、植物、设施等有高差变化的实体之间形成的空间关系和视廊轴线。两者均按照一定的形式美法则进行排列组合，最终构成有序的景观园林秩序空间。

形式美构图的具体表现形态包括点、线、面、体、质感、色彩等，这些构图方式在景观设计中都得到了充分运用，且具备科学性与艺术性两方面的高度统一。例如，某居住区中心景观区里以休息亭为"点"景，以流动的花架、曲线的道路为"线"，以体量稍大的水景与平台的组合形成"面"的空间。这些既要通过艺术构图原理体现出景观个体和群体的形式美及人们在欣赏景观时所产生的意境美，又要让构景符合人的行为习惯，满足环境心理感受。

点状构图一般是指园区里的单体构筑，有焦点和散点之分。焦点一般位于横直两条黄金分割线在画面中的交叉位置，在视觉上具有凝聚力，景点就是常见的园区里的视觉中心，可以突出表达创作意境；散点多环绕边缘地带布置或在填充空间的位置，一般给人轻松随意、富有动感的感觉，在空间上有一定的装饰效果。

在景观形式美的营造上，线的运用是关键，线型构图有很强的方向性，垂直线有上升之感，而曲线有自由流动、柔美之感。神以线而传，形以线而立，色以线而明，线的粗细还可产生远近的关系。景观中的线型空间不仅具有装饰美，而且还充溢着一股生命活力的流动美。

景观中的线型空间可分为直线和曲线两种。直线让人产生宁静、舒展的感觉，例如景区里直线道路表现出秩序感和理性，而弧线和弯曲的道路则会增加游人的趣味体验感和空间的活泼感等。

面状构图的相对尺度和体量要大一些，形态多样，或曲或方，或多边形或自由形，给人开阔的感觉，把它们或平铺或层叠或相交，其表现力非常丰富。面状构图不仅可满足游人的休憩活动功能，也可起到聚合零碎空间的作用，例如大面积的水域或者草坪等。

（二）渗透与延伸

在景观设计中，景区之间并没有十分明显的界限，而是你中有我，我中有你，渐而变之。渗透和延伸经常采用草坪、铺地等，起到连接空间的作用，给人在不知不觉中景物已发生变化的感觉，在心理感受上不会"戛然而止"，给人以良好的空间体验。

空间的延伸对于有限的园林空间获得更为丰富的层次感具有重要的作用，空间的延伸意味着在空间序列的设计上突破场地的物质边界，有效地丰富了场地与周边环境之间的空间关系。不管是古典造园还是现代景观设计，我们都不能将设计思维局限于单向的、内敛的空间格局，内部空间与外部空间之间必要的相互联系、相互作用都是设计中必须考虑的重要问题，不仅仅是简单的平面布置，更会关系到整体环境的质量，即便是一座仅仅被当作日常生活附件的小型私家花园也应当同周围的环境形成统一的整体。

在通常情况下，空间的边界已经由建筑物及其他实体所确定，它们往往缺乏园林空间所需要的自然的氛围，空间的延伸就是为了改善这种空间的氛围。因此，古代的造园家与现代景观设计师们都运用相同的手法处理基本的景观要素，如山石、植物和小巧精致的构筑物，对现有的场地边界做了精心的处理。这些处理既可以丰富园林本身的"意境"，又使城市的整体功能和环境得到了改观。而场地的分界本身可以由植物或其他天然的屏障构成，使其成为景物的一部分，同时对内部和外部空间起到了美化作用。

（三）尺度与比例

景观空间的尺度与比例主要体现在景观空间的组织、植物配置、道路铺装等方面，具体包括景点的大小与分布、构筑物之间的视廊关系、景观天际轮廓线的起伏、景观设施中的人体工程学尺度等。此外，人观景时的尺度感受也是重点。尺度的主要依据在于人们在建筑外部空间的行为。以人的活动为目的，确定合适的尺度和比例才能让人感到舒适、亲切。

1. 空间组织中的尺度与比例

空间是设计的主要表现方面，也是游人的主要感受场所。能否营造一个合理、舒适的空间尺度，决定设计的成败。

（1）空间的平面布局

园林景观空间的平面规划在功能目的及以人为本设计思想的前提下，体现出一定的视觉形式审美特点。平面中的尺度控制是设计的基本，在设计时要充分了解各种场地、设施、小品等的尺寸控制标准及舒适度。不仅要求平面形式优美可观，更要具有科学性和实用性。例如3~4米的主要行车道路，两侧配置叶木的枝叶在靠近道路0.6~1.5米的范围内应按时修建，用于形成较为适当的行车空间。

（2）空间的立体造型

园林景观空间中的立体造型是空间的主体内容，也是空间中的视觉焦点。其造型多样化从视觉审美及艺术性角度而言，首先要与周围环境的风格相吻合统一，其次要具备自身强烈的视觉冲击力，使其在视觉流程上与周围景观产生先后次序，在比例、形式等构成方面要具有独特的艺术性。空间的不同尺度传达不同的空间体验感。小尺度适合舒适宜人的亲密空间，大尺度空间则气势壮阔、感染力强，令人肃然起敬。

2. 植物配置中的尺度与比例

（1）植物配置中的尺度

植物配置中的尺度，应从配置方式上体现园林中的植物组合方式，体现出植物造景的视觉艺术性。根据植物自身的观赏特征，采用多样化的组合方式，体现出整体的节奏与韵律感。

孤植、丛植、群植、花坛等植物造景方式都体现出构成艺术性。孤植树一般设在空旷的草地上，与周围植物形成强烈的视觉对比，适合的视线距离为树高的 3~4 倍；丛植运用的是自由式构成，一般由 5~20 株乔木组成，通过植物高低和疏密层次关系体现出自然的层次美；群植是指大量的乔木或灌木混合栽植，主要表现植物的群体之美，种植占地的长宽比例一般不大于 3∶1，树种不宜多选。此外，还有树木高度上的尺寸控制问题，或者纵横有致，或者高低有致、前后错落，形成优美的天际轮廓线。

（2）园林中利用植物而构成的基本空间类型

①半开敞空间。

少量较大尺度植物形成适当空间。它的空间一面或多面受到较高植物的封闭，限制了视线的穿透。其方向性指向封闭较差的开敞面。

②开敞空间。

用小尺度植物形成大尺度空间。仅以低矮灌木及地被植物作为空间的限制因素。

③完全封闭空间。

高密度植物形成封闭空间。此类空间的四周均被植物所封闭，具有极强的隐秘性和隔离感，比如配电室、采光井等周围被植物遮蔽，增加隐蔽性和安全性等。

④覆盖空间。

高密度植物形成限定空间。利用具有浓密树冠的遮阴树，构成顶部覆盖而四周开敞的空间。利用覆盖空间的高度，形成垂直尺度的强烈感觉。

3. 铺装设计中的尺度概念

铺装的尺度包括铺装图案尺寸和铺装材料尺寸两个方面，两者都能对外部空间产生一定的影响，产生不同的尺度感。

铺装图案尺寸是通过铺装材料尺寸反映的，铺装材料尺寸是重点。室外空间常用的材料有鹅卵石、混凝土、石材、木材等。混凝土、石材等大空间的材料易于创造宽广、壮观的景象，而鹅卵石、青砖等易于体现小空间的材料则易形成肌理效果或拼缝图案的形式趣味。

铺装材料粗糙的质感产生前进感，使空间显得比实际小；铺装材料细腻的质感则产生后退感，使空间显得比实际大。人对空间透视的基本感受是近大远小，因此在设计中把质感粗糙的铺装材料作为前景，把质感细腻的铺装材料作为背景，相当于夸大了透视效果，产生视觉错觉，从而扩大空间尺度感。

（四）质感与肌理

质感是材料本身的结构与组织，属材料的自然属性，质感也是材质被视觉神经和触觉神经感受后经人脑综合处理产生的一种对材料表现特性的感觉和印象，其内容包括材料的形态、色彩、质地等方面。肌理是指材料本身的肌体形态和表面纹理，是质感的形式要素，反映材料表面的形态特征，使材料的质感体现更具体，形态和色彩更容易被感知，因此说肌理是质感的形式要素。

在景观空间设计中，营造具有特色、艺术性强、个性化的园林空间环境，往往要采用独特性、差异性的不同材料组合装饰。各界面装饰在选材时，既要组合好各种材料的肌理质地，也应协调好各种材料质感的对比关系。

装饰材料的不同质感对景观空间环境会产生不同的影响，例如材质的扩大缩小感、冷暖感、进退感，给空间带来宽松、空旷、亲切、舒适、祥和的不同感受。在景观环境设计中，装饰材料质感的组合设计应与空间环境的功能性、职能性、目的性设计等结合起来考虑，以创造富有个性的园林空间。

（五）节奏与韵律

节奏这个具有时间感的用语，在景观设计上是指以同一视觉要素连续重复时所产生的运动感。韵律原指音乐、诗歌的声韵和节奏。景观空间营造时由单纯的单元组合重复，由有规则变化的形象或色群间以数比、等比处理排列，使之产生音乐、诗歌的旋律感，称为韵律。有韵律的设计构成具有积极的生气，有加强魅力的能量。

韵律与节奏是在园林景观中产生形式美不可忽视的一种艺术手法，一切艺术都与韵律和节奏有关。韵律与节奏是同一个意思，是一种波浪起伏的律动，当形、线、色、块整齐而有条理地重复出现，或富有变化地重复排列时，就可获得韵律感。韵律感主要体现在疏密、高低、曲直、方圆、大小、错落等对比关系的配合上。

景观设计中韵律呈现的表达形式也是多样的，可以分为连续韵律、间隔韵律、交替韵律、渐变韵律等。

1. 连续韵律

连续韵律一般是以一种或几种要素连续重复排列，各要素之间保持恒定的关系与距离，可以无休止地连绵延长，往往可以给人以规整整齐的强烈印象。一般在构图中呈点、线、面并列排列，犹如音乐中的旋律，对比较轻，往往在内容上表现同一物象，并且以相同的规律重复出现。如用同一种花朵，或相同大小的同一色块的连续使用和重复出现。花坛、花台、花柱、篱垣、盆花设计中应用较多，相同形状的花坛，种植相同花卉或相同花色的花卉连续排列，形成整齐的效果。

2. 间隔韵律

间隔韵律在构图上表现为有节奏的组合中突然出现一组相反或相对抗的节奏。对比性的节奏可以打破原有节奏的流畅，形成间断，就像音乐旋律中忽然加入一级强音符，从而形成强烈的对比节奏。在花坛、花台、花径、花柱、篱垣、花墙、盆花等装饰应用中运用较多，避免呆板。例如，花坛、植被配置时利用不同结构形态、不同类型的物种、颜色、高度等完全不相近的盆栽间隔摆放，形成既有分隔空间作用但不至于隔断空间、增强通透性的效果，还能打破一种盆栽的单调、呆板的氛围。

3. 交替韵律

交替韵律与间隔韵律相似，它是运用各种造型因素做有规律的纵横交错、相互穿插等手法，形成丰富的韵律感。运用形状、大小、线条、色调等多种因素交替变化，产生韵律形式美，规律而又多样。

4. 渐变韵律

渐变韵律是各要素在体量大小、高矮宽窄、色彩深浅、方向、形状等方面做有规律的增或减，形成渐次变化的统一而和谐的韵律感。有规律地增加或减少间隔距离、弯曲弧度、线条长度等，可以形成一种动态变化。这种具有动式的旋律作品的构图，有强烈的动态节奏感。

第四章　园林景观组景手法

第一节　园林景观组景手法综述

一、园林景观环境及用地选择

（一）选择适合构园的自然环境，在保护自然景色的前提下去构园

构园之所以把山林地、江湖地、郊野地、村庄地等列为佳胜，是体现中国自然式庭园始终提倡的"自成天然之趣，不烦人事之工"的重要设计思想。这种设计思想对于资金建设力量雄厚、到处充塞着人工建筑的今日园林景观环境有很现实的借鉴意义。如山林郊野地，有高有凹、有曲有深，有峻而悬、有平而坦，加之树木成林，已具有了60%的自然景观，再按功能铺砌园路磴道，设置必要的小建筑等人工组景设计，园林景观即可大体构成。如江湖、水面、溪流环境，经整砌岸边、修整或设计水面湖形，再按组景方法布局，以水面为主体的景园则可自然构成。我国很多传统景园就是按此思想构园的。但现在面临的问题是不重视保护自然景观、过量地动用人工工程，应引以为戒。

（二）利用自然环境，进行人工构园的方法

相地合宜和构园得体，两者关系非常紧密。或者说构园得体，大部分源于相地合宜。但构园创作的程度，从来不是单一直线的，而是综合交错的。建筑师、造园师的头脑里常常储存着大量的，并经过典型化了的自然山水景观形象，同时还掌握许多诗人、画家的词意和画谱。因此，他们相地的时候，除了因势成章、随宜得景之外，还要借鉴名景和画谱，以达到构园得体。如计成在相地构园中，曾借鉴过关同（五代）、荆浩（后梁）的笔意、画风，谢朓（南北朝）的登览题词之风，以及模仿李昭道（唐朝）的环窗小幅、黄公望（元代）的半壁山水等。这体现了设计创作中利用自然构园过程的实践与理论的关系和方法。

（三）人工环境占主体时的构园途径和方法

在城市中心高中层建筑密集区、建筑广场、中层住宅街坊、小区和建筑庭院街道上构园是最困难的，但它们也是最渴望得到绿地庭园的地方。在建筑空间中构园或平地构园应注意运用以下人工造园的方法。

1. 建筑空间与园林空间互为陪衬的手法

可以绿树为主，也可以建筑群为主。前者种植乔木，后者可为草坪。根据功能和城市景观效果确定。

2. 用人工工程仿效自然景观的构园方法

凿池筑山是常法（北京圆明园、承德避暑山庄都是挖池堆山，取得自然山水效果），但要节工惜材，山池景物宜自然幽雅，不可矫揉造作。做假山时要注意山体尺度，山小者易工，避免以人工气魄取胜。

3. 划分空间与互为因借的方法

平地条件和封闭的建筑空间内构园，要做出舒展、深奥的空间效果，须多借助划分空间和互为因借的手法，并注意建筑形式、尺度以及庭园小筑的作用，如窗景、门景、对景的组景等。

二、园林景观结构与布局

园林景观的使用性质、使用功能、内容组成，以及自然环境基础等，都要表现到总体结构和布局方案上。由于性质、功能、组成、自然环境条件的不同，结构布局也各具特点，并分为各种类型，但它的总体空间构园理论是有共性的。

（一）总体结构的几种类型

总体结构有自然风景园林和建筑园林。建筑园林、庭园中又可分为以山为主体，以水面为主体，山水建筑混合，以草坪、种植为主体的生态园林景观。

1. 自然风景园林布局的特征

如自然环境中的远山峰峦起伏呈现出节奏感的轮廓线，由地形变化所带来的人的仰视、俯视、平视构成的空间变化，开阔的水面或蛇曲所带来的水体空间和曲折多变的岸际线，以及自然树群所形成的平缓延续的绿色树冠线等。巧于运用这些自然景观因素，再随地势的高下、体形的端正、比例尺度的匀称等人工景物布置，是构成自然风景园林结构的基础，并体现出景物性状的特点。

2. 建筑园林景观布局的特征

中国城市型或以建筑功能为主的庭园，常以厅堂建筑为主划分院宇，延续厅廊，随势起伏；路则曲径通幽；低处凿池，面水筑榭；高处堆山，居高建亭；小院植树叠石，高阜因势建阁，再铺以时花绿竹。

（二）总体空间布局

1. 景区空间的划分与组合

把单一空间划分为复合空间，或把一个大空间划分为若干个不同的空间，其目的是在总体结构上，为庭园展开功能布局、艺术布局打下基础。划分空间的手段离不开庭园组成物质要素，在中国庭园中的屋宇、廊墙、假山、叠石、树木、桥台、石雕、小筑等，都是划分空间所涉及的实体构件。景区空间一般可划分为主景区、次景区。每一景区内都应有各自的主题景物，空间布局上要研究每一空间的形式、大小、开合、高低、明暗的变化，还要注意空间之间的对比。如采取"欲扬先抑"，是收敛视觉尺度感的手法，先曲折、狭窄、幽暗，然后过渡到较大和开朗的空间，这样可以达到丰富园景、扩大空间感的效果。

2. 景区空间的序列与景深

人们沿着观赏路线和园路行进时（动态），或接触园内某一体型环境空间时（静态），客观上它是存在空间程序的。若想获得某种功能或园林艺术效果，必须使人的视觉、心理和行进速度、停留的空间，按节奏、功能、艺术的规律性去排列程序，简称空间序列。早在1100年前，中国唐代诗人灵一诗中，"青峰瞰门，绿水周舍，长廊步屧，幽径寻真，景变序迁……"就已提出了景变序迁的理论，也就是现在西方现代建筑流行的空间序列理论。中国传统景园组景手法之一，步移景异，通过观赏路线使园景逐步展开。景区空间依随序列的展开，必然带来景深的伸延。展开或伸延不能平铺直叙地进行，而要结合具体园内环境和景物布局的设想，自然地安排"起景""高潮""尾景"，并按艺术规律和节奏，确定每条观赏线路上的序列节奏和景深延续程度。如一段式的景物安排，即序景—起景—发展—转折—高潮—尾景；二段式即序景—起景—发展—转折—高潮—转折—收缩—尾景。

3. 观赏点和观赏路线

观赏点一般包括入口广场、园内的各种功能建筑、场地，如厅、堂、馆、轩、亭、榭、台、山巅、水际、眺望点等。观赏路线依园景类型，分为一般园路、湖岸环路、山上游路、连续进深的庭院线路、林间小径等。总之，是以人的动、静和相对停留空间为条件来有效地展开视野和布置各种主题景物的。小的庭园可有1~2个点和线；大、中园林交错复杂，网点线路常常构成全园结构的骨架，甚至从网点线路的形式特征可以区分自然式、几何式、混合式园。观赏路线同园内景区、景点除了保持功能上方便和组织景物外，对全园用地又起着划分作用。一般应注意下列4点：①路网与园内面积在密度和形式上应保持分布均衡，防止奇疏奇密。②线路网点的宽度和面积、出入口数目应符合园内的容量，以及疏散方便、安全的要求。③园入口的设置，对外应考虑位置明显、顺合人流流向，对内要结合导游路线。④每条线路总长和导游时间应适应游人的体力和心理要求。

（三）运用轴线布局和组景的方法

人们在一块大面积或体型环境复杂的空间内设计园林时，初学者常感到不知从何入手。历史传统为我们提供两种方法：一是依环境、功能做自由式分区和环状布局；二是依环境、功能做轴线式分区和点线状布局。轴线式布局或依轴线方法布局有三个特点：以轴线明确功能联系，两点空间距离最短，并可用主次轴线明确不同功能的联系和分布；依轴线施工定位，简单、准确、方便；沿轴线伸延方向，利用轴线两侧、轴线结点、轴线端点、轴线转点等组织街道、广场、尽端等主题景物，地位明显、效果突出。

西方整形式（几何式）园林景观结构布局和运用轴线布局的传统是有直接联系的。通常采用笔直的道路与各功能活动区、点相连接，有时采用全园沿一条轴线做干道或风景线。

三、园林景观造景艺术手法

中国造园艺术的特点之一是创意与工程技艺的融合以及造景技艺的丰富多彩。归纳起来包括主景与配（次）景、抑景与扬景、对景与障景、夹景与框景、前景与背景、俯景与仰景、实景与虚景、内景与借景、季相造景等。

（一）主景与配景（次景）

造园必须有主景区和配（次）景区。堆山有主、次、宾、配，园林景观建筑要主次分明，植物配植也要主体树种和次要树种搭配，处理好主次关系就起到了提纲挈领的作用。突出主景的方法有主景升高或降低，主景体量加大或增多，视线交点、动势集中、轴线对应、色彩突出、占据重心等。配景对主景起陪衬作用，不能喧宾夺主，在园林景观中是主景的延伸和补充。

（二）抑景与扬景

传统造园历来就有欲扬先抑的做法。在入口区段设障景、对景和隔景，引导游人通过封闭、半封闭、开敞相间、明暗交替的空间转折，再通过透景引导，终于豁然开朗，到达开阔景园空间，如苏州留园。也可利用建筑、地形、植物、假山、台地在入口区设隔景小空间，经过宛转通道逐渐放开，到达开敞空间，如北京颐和园入口区。

（三）实景与虚景

园林景观或建筑景观往往通过空间围合状况、视面虚实程度形成人们观赏视觉清晰与模糊，并通过虚实对比、虚实交替、虚实过渡创造丰富的视觉感受。如无门窗的建筑和围墙为实，门窗较多或开敞的亭廊为虚；植物群落密集为实，疏林草地为虚；山崖为实，流水为虚；喷泉中水柱为实，喷雾为虚；园中山峦为实，林木为虚；青天观景为实，烟雾中观景为虚，即朦胧美、烟景美，所以虚实乃相对而言。如北京北海有"烟云尽志"景点，承德避暑山庄有"烟雨楼"，都设在水雾烟云之中，是朦胧美的创造。

（四）夹景与框景

在人的观景视线前，设障碍左右夹峙为夹景，四方围框为框景。常利用山石峡谷、林木树干、门窗洞口等限定视景点和赏景范围，从而达到深远层次的美感，也是在大环境中摘取局部景点加以观赏的手法。

（五）前景与背景

任何园林景观空间都是由多种景观要素组成的，为了突出表现某种景物，常把主景适当集中，并在其背后或周围利用建筑墙面、山石、林丛或者草地、水面、天空等作为背景，用色彩、体量、质地、虚实等因素衬托主景，突出景观效果。在流动的连续空间中表现不同的主景，配以不同的背景，则可以产生明确的景观转换效果。如园林景观规划与设计白色雕塑易用深绿色林木背景、水面、草地衬景；而古铜色雕塑则采用天空与白色建筑墙面作为背景；一片春梅或碧桃用松柏林或竹林作为背景；一片红叶林用灰色近山和蓝紫色远山作为背景，都是利用背景突出表现前景的手法。在实践中，前景也可能是不同距离和多层次的，但都不能喧宾夺主，这些处于次要地位的前景常称为添景。

（六）俯景与仰景

园林景观利用改变地形建筑高低的方法，改变游人视点的位置，必然出现各种仰视或俯视视觉效果。如创造峡谷迫使游人仰视山崖而得到高耸感，创造制高点给人的俯视机会则产生凌空感，从而达到小中见大和大中见小的视觉效果。

（七）内景与借景

园林景观空间或建筑以内部观赏为主的称内景，作为外部观赏为主的为外景。如亭桥跨水，既是游人驻足休息处，又是外部观赏点，起到内、外景观的双重作用。

园林景观具有一定范围，造景必有一定限度。造园家充分意识到景观的不足，于是创造条件，有意识地把游人的目光引向外界去猎取景观信息，借外景来丰富赏景内容。如北京颐和园西借玉泉山，山光塔影尽收眼底；无锡寄畅园远借龙光塔，塔身倒影收入园地。故借景法可取得事半功倍的景观效果。

（八）季相造景

利用四季变化创造四时景观，在园林景观设计中被广泛应用。用花表现季相变化的有春桃、夏荷、秋菊、冬梅；树有春柳、夏槐、秋枫、冬柏；山石有春用石笋、夏用湖石、秋用黄石、冬用宣石（英石）。如扬州个园的四季假山；西湖造景春有柳浪闻莺、夏有曲院风荷、秋有平湖秋月、冬有断桥残雪；南京四季郊游，春游梅花山、夏游清凉山、秋游栖霞山、冬游覆舟山。用大环境造景名的有消夏湾、红叶岑、松柏坡等。其他造景手法还有烟景、分景、隔景、引景与导景等。

四、园林景观空间艺术布局

园林景观空间艺术布局是在景园艺术理论指导下对所有空间进行巧妙、合理、协调、系统安排的艺术，目的在于构成一个既完整又变化的美好境界，常从静态、动态两方面进行空间艺术布局（构图）。

（一）静态空间艺术构图

静态空间艺术是指相对固定空间范围内的审美感受，按照活动内容，分为生活居住空间、游览观光空间、安静休息空间、体育活动空间等；按照地域特征，分为山岳空间、台地空间、谷地空间、平地空间等；按照开朗程度，分为开朗空间、半开朗空间和闭锁空间等；按照构成要素，分为绿色空间、建筑空间、山石空间、水域空间等；按照空间的大小，分为超大空间、自然空间和亲密空间；依其形式，分为规则空间、半规则空间和自然空间；根据空间的多少，又分为单一空间和复合空间等。在一个相对独立的环境中，有意识地进行构图处理就会产生丰富多彩的艺术效果。

1. 风景界面与空间感

局部空间与大环境的交接面就是风景界面。风景界面是由天地及四周景物构成的。以平地（或水面）和天空构成的空间，有旷达感，所谓心旷神怡；以峭壁或高树夹持，其高宽比大约 6:1~8:1 的空间有峡谷或夹景感；由六面山石围合的空间，则有洞府感；以树丛和草坪构成的大于或等于 1:3 空间，有明亮亲切感；以大片高乔木和矮地植被组成的空间，给人以荫浓景深的感觉。一个山环水绕、泉瀑直下的围合空间，给人清凉世界之感；一组山环树抱、庙宇林立的复合空间，给人以人间仙境的神秘感；一处四面环山、中部低凹的山林空间，给人以深奥幽静感；以烟云水域为主体的洲岛空间，给人以仙山琼阁的联想。还有，中国古典景园的咫尺山林，给人以小中见大的空间感。大环境中的园中园，给人以大中见小（巧）的感受。

由此可见，巧妙地利用不同的风景界面组成关系进行园林景观空间造景，将给人们带来静态空间的多种艺术魅力。

2. 静态空间的视觉规律

利用人的视觉规律，可以创造出预想的艺术效果。

（1）最宜视距

正常人的清晰视距为 25~30 m，明确看到景物细部的视野为 30~50 m，能识别景物类型的视距为 150~270 m，能辨认景物轮廓的视距为 500 m，能明确发现物体的视距为 1200~2000 m，但这已经没有最佳的观赏效果。至于远观山峦、俯瞰大地、仰望太空等，则是畅观与联想的综合感受了。

（2）最佳视域

人的正常静观视场，垂直视角为 130°，水平视角为 160°。但按照人的视网膜鉴别率，最佳垂直视角小于 30°、水平视角小于 45°，即人们静观景物的最佳视距为景物高度的 2 倍或宽度的 1.2 倍，以此定位设景则景观效果最佳。但是即使在静态空间内，也要允许游人在不同部位赏景。建筑师认为，对景物观赏的最佳视点有三个位置，即垂直视角为 18°（景物高的 3 倍距离）、27°（景物高的 2 倍距离）、45°（景物高的 1 倍距离）。如果是纪念雕塑，则可以在上述三个视点距离位置为游人创造较开阔平坦的休息欣赏场地。

（3）远视景

除了正常的静物对视外，还要为游人创造更丰富的视景条件，以满足游赏需要。借鉴画论三远法，即仰视高远、俯视深远、中视平远，可以取得一定的效果。

①仰视高远。

一般认为视景仰角分别大于 45°、60°、90° 时，由于视线的不同消失程度可以产生高大感、宏伟感、崇高感和威严感。视景仰角若小于 90°，则产生下压的危机感。中国皇家宫苑和宗教园中常用此法突出皇权神威，或在山水园中创造群峰万壑、小中见大的意境。

如北京颐和园中的中心建筑群，在山下德辉殿后看佛香阁仰角为 62°，产生宏伟感，同时，也产生自我渺小感。

②俯视深远。

居高临下，俯瞰大地，为人们的一大乐趣。景园中也常利用地形或人工造景，创造制高点以供人俯视。绘画中称之为鸟瞰。俯视也有远视、中视和近视的不同效果。一般俯视角小于 45°、30°、10°时，则分别产生深远感、深渊感、凌空感。当小于 0°时，则产生欲坠危机感。登泰山而一览众山小，居天都而有升仙神游之感，也产生人定胜天感。

③中视平远。

以视平线为中心的 30°夹角视场，可向远方平视。利用创造平视观景的机会，将给人以广阔宁静的感受，坦荡开朗的胸怀。因此，园林中常要创造宽阔的水面、平缓的草坪、开敞的视野和远望的条件，这就把天边的水色云光、远方的山廓塔影借来身边，一饱眼福。

远视景都能产生良好的借景效果。根据"佳则收之，俗则屏之"的原则，对远景的观赏应有选择，但这往往没有近景那么严格，因为远景给人的是抽象概括的朦胧美，而近景才给人以形象细微的质地美。

（二）动态序列的艺术布局及创作手法

园林景观对于游人来说是一个流动空间，一方面表现为自然风景的时空转换；另一方面表现在游人步移景异的过程中。不同的空间类型组成有机整体，并对游人构成丰富的连续景观，就是园林景观的动态序列。

景观序列的形成要运用各种艺术手法，如风景景观序列的主调、基调、配调和转调。风景序列是由多种风景要素有机组合，逐步展现出来的，在统一基础上求变化，又在变化之中见统一，这是创造风景序列的重要手法。以植物景观要素为例，作为整体背景或底色的树林可谓基调，作为某序列前景和主景的树种为主调，配合主景的植物为配调，处于空间序列转折区段的过渡树种为转调；过渡到新的空间序列区段时，又可能出现新的基调、主调和配调，如此逐渐展开就形成了风景序列的调子变化，从而产生不断变化的观赏效果。

1. 风景序列的起结开合

作为风景序列的构成，可以是地形起伏，水系环绕，也可以是植物群落或建筑空间，无论是单一的还是复合的，总应有头、有尾，有放、有收，这也是创造风景序列常用的手法。以水体为例，水之来源为起，水之去脉为结，水面扩大或分支为开，水之溪流又为合。这和写文章相似，用来龙去脉表现水体空间之活跃，以收、放变换而创造水之情趣。如北京颐和园的后湖，承德避暑山庄的分合水系，杭州西湖的聚散水面。

2. 风景序列的断续起伏

这是利用地形地势变化而创造风景序列的手法之一，多用于风景区或郊野公园。一般风景区山水起伏，游程较远，我们将多种景区、景点拉开距离，分区段设置，在游步道的引导下，景序断续发展，游程起伏高下，从而取得引人入胜、渐入佳境的效果。如泰山风景区从山门开始，路经斗母宫、柏洞、回马岭来到中天门就是第一阶段的断续起伏序列；从中天门经快活三里、步云桥、对松亭、异仙坊、十八盘到南天门是第二阶段的断续起伏序列；又经过天街、碧霞祠，直达玉皇顶，再去后石坞等，这是第三阶段的断续起伏序列。

3. 植物景观序列的季相与色彩布局

园林景观植物是景观的主体，然而植物又有其独特的生态规律。在不同的土地条件下，利用植物个体与群落在不同季节的外形与色彩变化，再配以山石水景、建筑道路等，必将出现绚丽多姿的景观效果和展示序列。如扬州个园内春植翠竹配以石笋，夏种广玉兰配太湖石，秋种枫树、梧桐配以黄石，冬植蜡梅、南天竹配以白色英石，并把四景分别布置在游览线的四个角落，在咫尺庭院中创造了四时季相景序。一般园林中，常以桃红柳绿表春，浓荫白花主夏，红叶金果属秋，松竹梅花为冬。

4. 建筑群组的动态序列布局

园林景观建筑在景园中只占有 1%~2% 的面积，但往往它是某景区的构图中心，起到画龙点睛的作用。由于使用功能和建筑艺术的需要，对建筑群体组合的本身，以及对整个园林景观中的建筑布置，均应有动态序列的安排。

对一个建筑群组而言，应该有入口、门庭、过道、次要建筑、主体建筑的序列安排。对整个园林景观而言，从大门入口区到次要景区，最后到主景区，都有必要将不同功能的景区，有计划地排列在景区序列轴线上，形成一个既有统一展示层次，又有多样变化的组合形式，以达到应用与造景之间的完美统一。

第二节　传统山石组景手法

一、山石组景渊源及分类

据史载，唐懿宗时期（公元860—874年），曾造庭园，取石造山，并取终南山草木植之，1958年于西安市西郊土门地区出土的唐三彩庭园假山水陶土模型，说明了唐长安城内庭园假山水已很流行，但由于历代战争及年久失修，这种庭园假山水景物已荡然无存，但市区旧园中却留下来大量的南山庭石。

唐长安时期选南山石布石之法，多做横纹立砌以示瀑布溪流，平卧水中以呈多年水冲浪涮古石之景，两者均呈流势动态景观，加之石形浑圆，皴纹清秀，布局疏密谐调，景致清新高雅，达到互相媲美，壁山石选蓝田青石为之。依其石形、石性及皴纹走势，借鉴中国山水画及山石结构原理，将石分类为以下五类：一是峰石，轮廓浑圆，山石嶙峋变化丰富。二是峭壁石，又称悬壁石，有穷崖绝壑之势，且有水流之皴纹理路。三是石盘，平卧似板，有承接滴水之峰洞。四是蹲石，浑圆柱，即蹲石，可立于水中。五是流水石，石形如舟，有强烈的流水皴纹，卧于水中，可示水流动向，再辅以散点及步石等。

选用上述各类山石，以山水画理论及笔意，概括组合成山，依不对称均衡的构图原理，主山呈峰峦参差错落，主峰嶙峋峻峭，中有悬崖峭壁，瀑布溪流，下有承落水之石盘，滴水叮咚，山水相互成景；次峰及散点山石，构成壁山，群体主次分明，轮廓参差错落，富有节奏变化，加之石面质感光润、皴纹多变，壁山壮丽、风格古朴，再于洞中植萝兰垂吊，景观格外宜人。

二、山石组景基本手法

山水园是中国传统园林景观和东方体系园林景观主要特征之一。自然式园林景观常常离不开自然山石与自然水面，即所说的"石令人古，水令人远"。

（一）布石

布石组景又称点石成景，日本称石组。根据地方山石的石性、皴纹并按形体分类，用一定数量的各种不同形体的山石与植物配合，布置成构图完美的各种组景。

1. 岸石

岸石参差错落，要注意平面交错，保持钝角原则；注意立面参差，保持平、卧、立，有不同标高的变化；注意主题和节奏感。

2. 阜冈、坡脚布石

运用多变的不对称的手法布石，以得到自然效果。"石必一丛数块，大石间小石，须相互联络，大小顾盼，石下宜平，或在水中，或从土出，要有着落。"中国画画石强调布石与画石、组石的关系，池畔大石间小石的组合。"石分三面，分则全在皴擦勾勒。画石在于不圆、不扁、不长、不方之间。倘一成形，即失画石之意。"说明要自然石形，而不要图案石形。

3. 石性与皴法有关，又与布石有关

"画石则大小磊叠，山则络脉分支，然后皴之"。中国山水画技法构图与庭园布石构图

有密切联系，如唐长安时期的庭园布石多用终南山石、北山石。石性呈横纹理、浑圆形，姿质秀丽，宜作立石、卧石；宜土载石，宜石树组景，而不宜垒叠，不宜堆砌高山。唐长安时期有做盆景假山，是采取了横纹立砌手法，得到成功。

（二）假山

中国园林景观自古就流传有造山之法，清代李渔在书中写道："至于垒石成山之法，大半皆无成局。……然而欲垒巨石者将如何而可？……曰不难，用以土代石之法，既减人工又省物力，且有天然委曲之妙。混假山于真山之中，使人不能辨者，其法莫妙于此。垒高广之山全用碎石，则如百衲僧衣求一无缝处而不得，此其所以不耐观也。以土间之则可泯然无迹，且便于种树。树根盘固与石比坚，且树大叶繁混然一色，不辨其为谁石谁土。……此法不论石多石少，亦不必定求土石相半。土多则土山带石，石多则石山带土。土石二物原不相离。石山离土则草木不生，是童山矣。""小山亦不可无土。但以石作主而土附之。土之不可胜石者，以石可壁立而土则易崩。必仗石为藩离故也。外石内土，此从来不易之法……石纹石色取其相同，如粗纹与粗纹当并在一处，细纹与细纹宜在一方。紫碧青红各以类聚是也。……至于石性则不可不依，拂其性而用之，非止不耐观且难持久。石性维何？斜正纵横之理路是也。"假山的结构发展至今日，仍以这四大类为主：一是土山。二是土多石少的山。沿山脚包砌石块，再于盈纤曲折的磴道两侧，垒石如堤以固土，或土石相间略成台状。三是石多土少的山。三种构造方法，即山的四周与内部洞窟用石；山顶与山背的土层转厚；四周与山顶全部用石，成为整个的石包土。四是石山。全部用石垒起，其体形较小。

以上各种构造方法，均要因地制宜，注意经济，注意安全（如干土的侧压力为 1 时，遇水浸透后湿土的侧压力则为 3~4，所以泥土易崩塌），一般仍以土石相间法为好。

第三节　传统园林景观植物组景手法

一、植物组景基本原则

（一）植物种植的生态要求

植物姿态长势自然优美，须有良好的水土、充足的日照、通风条件以及宽敞的生长空间。

（二）植物配置的艺术要求

在严格遵守植物生态要求条件下，运用构图艺术原理，可以配置出多种组景。中国园林景观喜欢自然式布局，在构图上提倡"多变的、不对称的均衡"的手法。中国也用对称式布局，四合院或院落组群的对称布局的庭院，植物配置多趋于对称。但中国景园建筑传统，在庄严规整庭院条件下也避免绝对对称（如故宫轴线上太和殿院内的小品建筑布置，东侧为日晷，西侧则为嘉量）。植物配置注意比例尺度，要以树木成年后的尺度、形态为标准。在历史名园中的植物品种，配置也是构成各个景园特色的主要因素之一，如凤翔东湖的柳、杨，张良庙北花园的古柏、凌霄，轩辕陵园的侧柏，颐和园的油松，拙政园的枫、杨，网师园的古柏，沧浪亭的箬竹，小雁塔园的国槐等，都自成特色，具有地方风格。

二、植物配置的方式

我国古代造园著作中有不少论述，其中清代杭州陈淏子所著《园林雅课》中，关于花木的"种植位置法"一篇，有以下几种方式："如园中地广多植果木松篁，地隘只宜花草药苗。设若左有茂林，右必留旷野以疏之。前有方塘，后须筑台榭以实之。外有曲径，内当垒奇石以邃之。花木之喜阳者，引东旭而纳西晖。花之喜阴者，植北囿而领南薰。其中色相配合之巧，又不可不论也。"陈淏子的"种植位置法"从生态谈到布局，从运用对比谈到色彩配合，是他在造园实践中的科学总结。中国山水画中对植物形态的表现也充分体现了传统园林景观植物组景的手法。现代植物配置总结为：香、色、姿，大、小、高、低，常绿落叶，明暗疏密，花木与树群，花木与房屋，花木与山池等的多种因素的组合。常用的配置方式有以下几种。

（一）孤植（独立树）

孤植要具有色、香、姿特点，作对景主题景物、视线上的对景，如屋、桥、路旁、水池等转点处。

（二）多种树种的群植

多种树种的群植要错落有致，大小搭配，常绿与落叶配合，高低配合，前后左右、近中远层次配置得当。

（三）小空间内配置

小空间内配置近距离以观赏为主，色香姿较好的花木，如竹、天竹、蜡梅、山茶、海棠、海桐等，或配置成树石组景，空间尺度要合适。

（四）大空间内配置

大空间内配置可用乔木划分空间，注意最佳视距和视域，D＝3H～3.5H，并与房屋配合成组景。

（五）窗景配置

窗景配置要绿意满窗，沟通内外，扩大空间，配置成各种主题景物，如小枝横生、一叶芭蕉、几竿修竹。

（六）房屋周围的花木配置

根据房屋的使用功能要求，兼顾植物本身的生态要求来决定花木配置的方式。处理好树与房屋基础、管沟之间的界限；处理好日照、采光、通风的关系。栽植乔木时，夏日能遮阴，冬天不影响室内日照。主要的房间窗口和露台前要有观景的良好视距及扩散角度。在处理房屋立面与植物配景关系时，要注意房屋和庭园是个统一体，花木配置不能只看成是配景。

（七）山池的花木配置

假山与花木配置要尺度合适。低山与乔木在比例上不是山，而是阜阪、岗丘。假山上只适合栽植体量小的花木或垂萝，以显示山的尺度。不少历史名园中，由于对花木的成年体量估计不足，到后来大都失去良好比例。岸边的花木与池形、池的水面大小有关；岸边花木多与池滨环路结合，属游人欣赏的近景。它的布局与效果最引人注意，要做到株距参差，岸形曲折变化。以石砌岸时，花木亦随之错落相间而有致。池中倒影是构成优美生动画面的一景，所以在山崖、桥侧、亭榭等临水建筑的附近，不宜植过多的荷花，以免妨碍水面清澈晶莹的特征。如北京颐和园的谐趣园，由于荷花过多，加之高出水面而失去谐趣的景致。睡莲的花叶娟秀，超出水面不高，适于较小的水景，如北京故宫内御花园小池浮莲的效果。

第四节　传统建筑、小品、水面组景

一、水面组景

（一）水面及池形设计

唐以前的水面，多属简单方形、圆形、长方形、椭圆形。太液池发展为稍似复合型水面空间（类似今日北海公园的琼岛居中）划分水面的形式。到北宋时期，凤翔东湖的水面逐渐向复合型发展，水面中间设岛并有长堤相连，空间日益变化曲折。到南宋时期的苏州园林，水面空间划分手法更加丰富，类型也随之增多。水面与池形应依据园的性质、规模和景观意境的要求，加以推敲。水面常与山石、树木、建筑等共同组合成景，一般应注意以下几点：一是庭园空间较小的水面，应以聚为主，池形可为方池、矩形池、椭圆池等。二是庭园空间稍大或园中的一角设计水池时，应以聚为主而以分为辅。三是园林景观中以水为主题的景观，可以湖面手法，聚积水面辽阔，使人心旷神怡。四是园林景观中以山水建筑、花木综合景观为主题时，可以像苏州拙政园的手法，即水面有聚有分；空间有大有小、有近有远、有直有曲；景物随空间序列，依次展开，组成极为丰富的以水面为主题或衬托的景物。如拙政园西部水面潆洄缭绕，构成空间幽静、景深延续、景色引人入胜的效果。五是中国自然山水园，多数水面设计为不规则的形状，与西方几何式池形相区别。水面及岸边与建筑相联系的部分，也多运用整形、几何手法。如陕西张良庙北花园的池泉形、周公庙池泉的八角池，以及圆明园、颐和园、苏州留园等的池岸处理，也多采取整形与自然不规则形式相结合的手法。

（二）池岸岸形设计

宜循钝角原则，去凸出凹入，岸际线宜曲折有致，切忌锐角。岸边形式和结构，宜交替变化，岩石叠砌、沙洲浅渚、石矶泊岸。或将水面分成不同标高，构成梯台叠水，增加动与静景观。池岸与水面标高相近，水与阶平。忌将堤岸砌成工程挡土墙，人工手法过重，失去景物的自然特征。

二、建筑与小品组景

中国园林景观中院落组合的传统，在功能、艺术上是高度结合的。以院为单元可创造出多空间并具有封闭幽静的环境，结合院落空间可以布置成序列的景物。

（一）庭院

庭院布置花坛、树木、山石、盆景、草坪、铺面、小池等，可构成独立的空间。

（二）小院

小院多布置在房屋与曲廊的侧方，形成一个套院。它能使连续过多的房屋得到通风采光的余地，给回廊曲槛创造曲折的空间。院内可种植丁香、天竹、蜡梅等，加上光影效果，小院别有景致。

（三）廊院

廊院是四周以廊围起的空间组合方式，其结构布局，属内外空透，相互穿插增加景物的深度和层次的变化。这种空间可以水面为主题，也可以花木假山为主题进行组景。成功的实例很多，如苏州沧浪亭的复廊院空间效果，北京静心斋廊院、谐趣园，西安的九龙汤，等等。

（四）民居庭院

民居庭院分城市型与乡村型；分大院与很小的院。随各地气候不同、生活习惯不同，庭院空间布局也多种多样。随民居类型又分为有前庭、中庭及侧庭（又称跨院）、后庭等。民居庭院组景多与居住功能、建筑节能相结合，如"春华夏荫覆"（唐长安韩愈宅中庭）。北京四合院不主张植高树，因北方喜阳，不需太多遮阳，所见庭内多植海棠、木瓜、枣树、石榴、丁香之类的灌木，也有做花池、花台与铺面结合组景的。在北方庭院内水池少用，因冰冻季节长且易损坏。稍大的庭院如北京桂春园、鉴园、半亩园属宅旁园，园内多有廊道连续，曲折变化，园路曲径通幽，也有池榭假山等。近现代庭园宜继承古代的优良传统，如节能、节地（指咫尺园林景观处理手法）优秀的组景技艺等，扬弃不必要的亭阁建筑、假山，而代之以简洁明朗的铺面、草坪，花、色、香、姿的灌木，其间少数布石、水池的布置方式，可得到现实效果。

（五）亭

亭是游人止步、休息、眺望为目的的小筑之一，成为中国景园中的主要点景物。可设在山巅、林荫、花丛、水际、岛上，以及游园道路的两侧。亭本身即为点景物建筑，所以类型愈来愈多，有半亭（古代采用，多与廊构成一体）、独立亭。亭的平面、立面形式更加多样，如正方亭、五角亭、六角亭、八角亭、圆形亭、扇形亭。单檐方亭通常为 4 柱或 12 柱，六角亭为 6 柱，八角亭为 8 柱；重檐方亭可多至 12 柱，六角及八角亭的柱数则按单檐柱数加倍。其外观有四阿、歇山及攒尖等盖顶形式。双亭（又称鸳鸯亭）的形式也很多，北宋凤翔东湖中的双亭是最简朴形式，它用六柱构出双亭，在国内稀有。其他如清代北京桂春园中的双方形交接的双亭也是最精美的一例。

（六）榭与舫

榭系傍水建筑物，又称水榭。其结构形式是凌空做架或傍水筑台，形态随环境而定。舫是仿舟楫之形，筑于水中的建筑物，形似旱船。它前后分三段，前舱较高，中舱略低，尾舱建两层楼以远眺。

（七）楼阁轩斋

楼多为两层，面阔 3~5 间，进深多至 6 架，屋顶做硬山或歇山式，体形宜精巧。阁与楼相似，重檐四面开窗，其造型较楼为轻快。小室称轩，书房称斋。

（八）廊

廊在园林景观中有遮阳避雨的功能。它是园内的导游路线，又是各建筑物之间的连接体，同时也起划分景区空间的作用。其体形宜曲宜长，可随形而弯，依势而曲，或盘山腰，或穷水际。它的类型很多，有直廊、曲廊、波形廊、阶梯廊（北京静心斋与华山玉泉院有此类型）、复廊（沧浪亭）。按廊的位置分，有沿墙走廊、爬山走廊、水廊、空廊、回廊等。沿墙走廊时离时合，在墙廊小空间内栽花布石，丰富景观。

（九）桥

直桥（平桥）结构用整块石板或木板架设，低近水面给游人以凌波而渡的感觉。曲桥的结构有三曲、九曲等形式，是一种有意识地给游人造成迂回盘绕的路线，以增加欣赏水面的时间。桥上栏杆有以低矮石板构成，风格质朴。还有在浅水面上"点其步石"，形成自然野趣（也称汀步）。

（十）墙垣

墙垣主要用于分隔空间，对局部的景物起着衬托和遮蔽的作用。墙垣分平墙、梯形墙（沿山坡向上）、波形墙（云墙）；从构造材料上划分为白粉墙、磨砖墙、版筑墙、乱石墙、篱墙，近代用版及铁栏杆墙等。中国园林中喜欢做月洞门，各种折线、曲线装修门，都是利用墙所做的框景，墙面上空透花格也是通视内外空间，有增加景深的作用，也是一种借景手法。在小园内墙面上的空透花格又有良好的通风采光效果。

（十一）铺地

园路、庭院铺面是中国园林景观的一大特点，广传于西方。远在唐代就有花砖铺地，《园冶》中云："大凡砌地铺街，小异花园住宅。惟厅堂广厦中铺，一概磨砖，如路径盘蹊，长砌多般乱石，中庭或宜叠胜（指斜方连叠的花纹），近砌亦可回纹。八角嵌方，选鹅子铺成蜀锦；层楼出步（阳台、平台）……"苏州园林和北京故宫御花园、中南海园中多有以上做法。西安地区可采泾河卵石铺地。

（十二）内外装修与组景

装修又称装饰，即柱与柱间，按通风采光功能，做可启闭的木造间隔花板，分室内、外用两种。园林建筑细部构件设计，要求配合景园环境及景色，要求精巧秀丽，生动有趣，避免呆板。装修又要求轻便灵活，可隔可折。近代西方建筑提倡流通空间，中国最早就有此理论。装修构件运用得宜，可增加建筑体形与细部构件的整体感。如门窗扇、挂落、格扇、窗格等构图，装饰纹样和精细雕刻，以及饰面等，可构成玲珑秀丽、雅洁多姿的外观，增加园林景观组景的变化。现代材料及工业化生产方法，亦可继承其特点，做到简洁质朴美观的装修效果。这需要有创作的思想和努力，把中国传统园林景观这一文化遗产传之后代。

（十三）器具和陈设

这是园林景观中的综合艺术表现的部分。各民族文化的特点各异，综合艺术的器具、陈设品类也有不同特点。中国园林景观中这种陈设器具，可以说是艺术精华的展览，从苏州私家园到皇家圆明园都有此特点。器具、小筑陈设在庭园室外空间的导游路线上或庭园四角处，或建筑出入口两侧，有时设在游览路线的转折点处做对景观的处理等。如石刻包括石桌、石椅、石凳、石墩、磁鼓、石座、日晷、石水盆、石灯笼、石雕等，在庭园中常与花木、水池组景；池景点缀包括石池壁、石盆水景、石水槽、石涵洞等；盆景点缀包括花盆座、花台、花池、树池、鱼缸、盆景、池座等；又如花格架、藤萝架、照壁、砖雕、窗格等；室内书画、壁画、匾额、对联、各种木器家具陈设等，同园林景观融为一个整体，作为综合艺术共同展现出中国园林景观的艺术和风格。

第五章　城市景观植物的配置与造景

第一节　植物造景原则与手法

一、统一的原则

也称变化与统一或多样与统一的原则。植物景观设计时，树形、色彩、线条、质地及比例都要有一定的差异和变化，显示多样性，但又要使它们之间保持一定相似性，引起统一感。这样既生动活泼，又和谐统一。变化太多，整体就会显得杂乱无章，甚至一些局部使人感到支离破碎，失去美感。过于繁杂的色彩会引起心烦意乱、无所适从。但平铺直叙，没有变化，又会单调呆板。因此要掌握在统一中求变化、在变化中求统一的原则。

运用重复的方法最能体现植物景观的统一感。如街道绿带中的行道树绿带，用等距离配置同种、同龄乔木树种，或在乔木下配置同种、同龄花灌木，这种精确的重复最具统一感。一座城市中树种规划时，分基调树种、骨干树种和一般树种。基调树种种类少，但数量大，形成该城市的基调及特色，起到统一作用；而一般树种，则种类多，每种量少，五彩缤纷，起到变化的作用。长江以南，盛产各种竹类，在竹园的景观设计中，众多的竹种均统一在相似的竹叶及竹竿的形状及线条中，但是丛生竹与散生竹有聚有散；高大的毛竹、钓鱼慈竹或麻竹等与低矮的箬竹配置则高低错落；龟甲竹、人面竹、方竹、佛肚竹则节间形状各异；粉单竹、白杆竹、紫竹、黄金间碧玉竹、碧玉间黄金竹、金竹、黄槽竹、菲白竹等则色彩多变。这些竹种经巧妙配置，很能说明统一中求变化的原则。

二、调和的原则

即协调和对比的原则。植物景观设计时要注意相互联系与配合，体现调和的原则，给人以柔和、平静、舒适和愉悦的美感。找出近似性和一致性，配植在一起才能产生协调感。相反，用差异和变化可产生对比的效果，具有强烈的刺激感，形成兴奋、热烈和奔放的感受。因此，在植物景观设计中常用对比的手法来突出主题或引人注目。

当植物与建筑物配植时要注意体量、重量等比例的协调。如广州中山纪念堂主建筑两旁各用一棵冠径达 25 m 的庞大的白兰花与之相协调；南京中山陵两侧用高大的雪松与雄伟庄严的陵墓相协调；英国勃莱汉姆公园高大的主建筑前用九棵大柏树紧密地丛植在一起，成为外观犹如一棵巨大的柏树与之相协调。一些粗糙质地的建筑墙面可用粗壮的紫藤等植物来美化，但对于质地细腻的瓷砖、马赛克及较精细的耐火砖墙，则应选择纤细的攀缘植物来美化。南方一些与建筑廊柱相邻的小庭院中，宜栽植竹类，竹竿与廊柱在线条上极为协调。一些小比例的岩石园及空间中的植物配置则要选用矮小植物或低矮的园艺变种。反之，庞大的立交桥附近的植物景观宜采用大片色彩鲜艳的花灌木或花卉组成大色块，方能与之在气魄上相协调。

色彩构图中红、黄、蓝三原色中任何一原色同其他两原色混合成的间色组成互补色，从而产生一明一暗、一冷一热的对比色。它们并列时相互排斥，对比强烈，呈现跳跃新鲜的效果，用得好，可以突出主题，烘托气氛。如红色与绿色为互补色，黄色与紫色为互补色，蓝色和橙色为互补色。我国造园艺术中常用万绿丛中一点红来进行强调就是一例。英国谢菲尔德公园，路旁草地深处一株红枫，鲜红的色彩把游人吸引过去欣赏，改变了游人的路线，成为主题。梓树金黄的秋色叶与浓绿的楮树，在色彩上形成了鲜明的一明一暗的对比。这种处理手法在北欧及美国也常采用。上海西郊公园大草坪上一株榉树与一株银杏相配植。秋季榉树叶色紫红，枝条细柔斜出，而银杏秋叶金黄，枝条粗壮斜上，二者对比鲜明。浙江自然风景林中常以阔叶常绿树为骨架，其中很多是栲属中叶片质地硬，且具光泽的照叶树种，与红、紫、黄三色均有的枫香、乌桕配植在一起具有强烈的对比感，致使秋色极为突出。

公园的入口及主要景点常采用色彩对比进行强调。恰到好处地运用色彩的感染作用，可使景色增色不少：黄色最为明亮，象征太阳的光源。幽深浓密的风景林，使人产生神秘和胆怯感，不敢深入。如配植一株或一丛秋色或春色为黄色的乔木或灌木，诸如桦木、无患子、银杏、黄刺玫、棣棠或金丝桃等，将其植于林中空地或林缘，即可使林中顿时明亮起来，而且在空间感中能起到小中见大的作用。

红色是热烈、喜庆、奔放，为火和血的颜色，刺激性强，为好动的年轻人所偏爱。园林植物中如火的石榴、映红天的火焰花、开花似一片红云的凤凰木都可应用。

蓝色是天空和海洋的颜色，有深远、清凉、宁静的感觉。

紫色使人具有庄严和高贵的感受。园林中除常用紫藤、紫丁香、蓝紫丁香、紫花泡桐、草绣球等外，很多高山具有蓝色的野生花卉急待开发利用。如乌头、高山紫菀、耧斗菜、水苦荬、大瓣铁线莲、大叶铁线莲、牛舌草、勿忘我、蓝靛果、忍冬、野葡萄、白檀等。

白色悠闲淡雅，为纯洁的象征，有柔和感，使鲜艳的色彩柔和。园林中常以白墙为纸，墙前配植姿色俱佳的植物为画，效果奇佳。绿地中如有白色的教师雕像，则在周围配以紫叶桃、红叶李，在色彩上红白相映，而桃李满天下的主题也极为突出。将开白花及叶片具有银灰色毛的植物种类，诸如雪叶菊等配置在一起可组成白色园。园内气氛雅静，夏日更感凉意，最受中老年人及性格内向的年轻人欢迎。

园林中植物种类繁多、色彩缤纷，使用灰叶植物常能达到统一各种不同色彩的效果。

三、均衡的原则

这是植物配置时的一种布局方法。将体量、质地各异的植物种类按均衡的原则配置，景观就显得稳定、顺眼。如色彩浓重、体量庞大、数量繁多、质地粗厚、枝叶茂密的植物种类，给人以重的感觉；相反，色彩素淡、体量小巧、数量简少、质地细柔、枝叶疏朗的植物种类，则给人以轻盈的感觉。根据周围环境，在配置时有规则式均衡（对称式）和自然式均衡（不对称式）。规则式均衡常用于规则式建筑及庄严的陵园或雄伟的皇家园林中。如门前两旁配置对称的两株桂花；楼前配置等距离、左右对称的南洋杉、龙爪槐等；陵墓前、主路两侧配置对称的松或柏等。自然式均衡常用于花园、公园、植物园、风景区等较自然的环境中。一条蜿蜒曲折的园路两旁，路右若种植一棵高大的雪松，则邻近的左侧须植以数量较多、单株体量较小、成丛的花灌木，以求均衡。

四、韵律节奏的原则

配置中有规律的变化，就会产生韵律感。杭州白堤上间棵桃树、间棵柳树就是一例。云栖竹径，两旁为参天的毛竹林，如相隔 50 m 或 100 m 就配置一棵高大的枫香，则沿径游赏时就不会感到单调，而有韵律感的变化。

第二节　园林植物的景观特性

一、单轴式分枝

顶芽发达，主干明显而粗壮。侧枝从属于主干。如主干延续生长大于侧枝生长时，则形成柱形、塔形的树冠。如箭杆杨、新疆杨、钻天杨、意大利丝柏、柱状欧洲紫杉等。如果侧枝的延长生长与主干的高生长接近时，则形成圆锥形的树冠。如雪松、冷杉、云杉等。

二、假二叉分枝

枝端顶芽自然枯死或被抑制，造成了侧枝的优势，主干不明显，因此形成网状的分枝形式。如果高生长稍强于侧向的横生长，树冠成椭圆形，相接近时则成圆形。如丁香、馒头柳、千头椿、罗幌伞、冻绿等。横向生长强于高生长时，则成扁圆形，如板栗、青皮槭等。

三、合轴式分枝

合轴分枝是指主干的顶芽在生长发育一段时间后生长停滞或死亡，或顶芽变为花芽，由其下方腋芽发育形成粗壮的侧枝，生长一段时间后生长优势又转向下一级侧枝，如此反复形成一个之字形弯曲的主轴。其树冠呈开展状，扩大了光合作用的面积，是先进的分枝方式。大多数被子植物是这种分枝方式，如苹果、桃、番茄、桑等。

分枝习性中枝条的角度和长短也会影响树形。大多数树种的发枝角度以直立和斜出者为多，但有些树种分枝平展，如曲枝柏。有的枝条纤长柔软而下垂，如垂柳。有的枝条贴地平展生长，如匍地柏等。

乔灌木枝干也具重要的观赏性，可以成为冬园的主要观赏树种。如酒瓶椰树干如酒瓶，佛肚竹、佛肚树，干如佛肚。白桦、考氏悬钩子等枝干发白。红瑞木、沙株、青藏悬钩子、紫竹等枝干红紫。棣棠、竹、梧桐、青榨槭及树龄不大的青杨、河北杨、毛白杨枝干呈绿色或灰绿色。山桃、华中樱、稠李的枝干呈古铜色。黄金间碧玉竹、金镶玉竹、金竹的竿呈黄色。干皮斑驳呈杂色的有白皮松、榔榆、斑皮柚水树、豺皮樟、天目木姜子、悬铃木、天目紫茎、木瓜等。

花具有重要的观赏性。暖温带及亚热带的树种，多集中于春季开花，因此夏、秋、冬季及四季开花的树种极为珍贵。如合欢、栾树、木槿、紫薇、凌霄、美国凌霄、夹竹桃、石榴、栀子、广玉兰、醉鱼草、木本香薷、糯米条、海州常山、红花羊蹄甲、扶桑、蜡梅、梅花、金缕梅、云南山茶、冬樱花、月季等。一些花形奇特的种类很吸引人，如鹤望兰、兜兰、飘带兰、旅人蕉等。赏花时更喜闻香，所以如木香、月季、菊花、桂花、梅花、白兰花、含笑、米兰花、九里香、木本夜来香、紫丁香、茉莉、鹰爪花、柑橘类备受欢迎。不同花色组成的绚丽色块、色斑、色带及图案在配植中极为重要，有色有香则更是上品。根据上述特点，在景观设计时，可配植成色彩园、芳香园、季节园等。

很多植物的叶片颇具特色。如桃椰，巨大的叶片可长达 8 m，宽 4 m，非常壮观。其他如董棕、鱼尾葵、巴西棕、高山蒲葵、油棕等都具巨叶。浮在水面的巨大的王莲叶犹如一大圆盘，可承载幼童，吸引众多游客。奇特的叶片如轴桐、山杨、羊蹄甲、马褂木、蜂腰洒金榕、旅人蕉、含羞草等。彩叶树种更是不计其数，如紫叶李、红叶桃、变叶榕、红桑、红背桂、金叶桧、浓红朱蕉、菲白竹、红枫、新疆杨、银白杨等。此外，还有众多的彩叶园艺栽培变种。

园林植物的果实也极富观赏价值。奇特的如象耳豆、眼睛豆、秤锤树、腊肠树、神秘果等。巨大的果实如木菠萝、柚、番木瓜等。很多果实色彩鲜艳，如紫色的紫珠、葡萄；红色的天目琼花、欧洲荚蒾、平枝栒子、小果冬青、南天竹等；蓝色的白檀、十大功劳等；白色的珠兰、红瑞木、玉果南天竹、毛核木等。

第三节　园林植物造景

一、园林植物配置原则

园林植物是园林的灵魂，在不同的地区、不同场合，由于不同目的要求会有各种各样的植物配置方式。同时，园林植物是有生命的有机体，在不断地生长变化，所以能产生各种各样的效果。植物配置水平的高低直接影响到园林的景观效果。因此在植物配置时要考虑多方面的因素，真正体现园林植物的生态功能和美化功能，即美学同生态学的兼顾。植物配置要遵循以下原则。

（一）适地适树，合理搭配

各种园林植物在生长发育过程中对温度、光照、水分、空气等环境因子都有不同的要求。在植物配置时首先要满足植物的生态要求，使之正常生长，并保持一定的稳定性。适地适树，即根据立地条件选择合适树种，或者通过引种驯化，或者改变立地条件达到适地适树的目的。

在平面上要有合理的种植密度，使植物有足够的营养和生长空间，从而形成较多稳定的群体结构。在立面上也要考虑植物的生物学特性，注意将喜光与耐阴、速生与慢生、深根性与浅根性等不同类型植物合理搭配，在满足生长条件的情况下创造稳定的植物景观。

（二）因地制宜，经济适用

植物的配置应考虑到绿地的功能，不同的绿地有不同的功能要求。如高速公路中央隔离带绿化，应起到阻挡光线、防眩晕的作用，植物选择上应考虑桧柏、蜀桧等常绿、无侧枝、树冠匀称的树种；重工业工厂、化工厂绿化应以抗污染能力强、防风遮阴效果好并能降低噪声的速生乔木为主，同时选用树冠矮、分枝低、枝叶茂密的灌木丛和乔木，形成疏松的树群或数行林带，多种一些能吸收有害物质的地被植物，从而减轻对人体的损害；行道树宜选择树冠高大、叶密荫浓、生长健壮、抗性强的树种，来达到遮阳、吸尘、隔音、美化环境的目的；对于儿童乐园、小游园绿地可选用姿态优美、花繁叶茂、无毒无刺的花灌木，采用自然配置方式，显得生动活泼。

不同的绿地、景点、建筑物性质不同、功能不同，在植物配置时要体现不同的风格。公园、风景区要求四季美观、繁花似锦、活泼明快、树种多样、色彩丰富。居民小区花木搭配应简洁明快，树种选择应按三季有花、四季常青来设计，北方地区常绿树种应不少于2/5，北方冬春风大，夏季烈日炎炎，绿化设计应以乔、灌、草复层混交为基本形式，不宜以开阔的草坪为主。而轻快的廊、亭、榭、轩，则宜点缀姿态优美、绚丽多彩的花木，使景色明丽动人。

随着绿化水平的不断提高，园林植物的配置要求也相应提高，同时造成绿化费用上涨。解决该矛盾，一方面尽量选用乡土树种，适应性强，苗木易得，又可突出地方特色。另一方面在重要的景点和建筑物的迎面处可配置些名贵树种，充分发挥其观赏价值。还可种植一些观果观叶经济林类，使观赏性与经济效益有机地结合起来。

(三) 因材制宜，自然美观

园林绿地不仅有实用功能，而且能形成不同的景观，给人以视觉、嗅觉、听觉上的美感，属于艺术美的范畴，在植物配置上也要符合艺术美规律，合理搭配，以最大限度地发挥园林植物"美"的魅力。

园林绿化观赏效果和艺术水平的高低，在很大程度上取决于园林植物的选择和配置。如果花色、花期、叶色、树型搭配不当或者随意栽上几株，则会显得杂乱无章，使风景大为逊色。另外，园林植物花色丰富，有的花卉品种在一年中仅一次特别有观赏价值，或者是花期或者是结果期。如紫荆在春季不仅枝条而且连树干在叶芽开放前为紫色花所覆盖，给人留下深刻的印象；银杏仅在秋季橙黄叶子显得十分显眼。还有的种类一年中产生多次观赏效果，如七叶树的春花和秋季黄色的树冠均富观赏性。二度红花槐（香花槐）一年中有两次花期；忍冬初夏的大量黄花，秋季的橙红色果；火棘球春夏观叶观形，冬季观红果。因此，从不同园林植物特有的观赏性考虑园林植物配置，才能达到理想的艺术效果。

在园林植物的配置过程中，叶色多变的植物（如红叶李、红枫、槭树类、银杏）和观花植物组合可延长观赏期。同样，不同花期的种类分层配置，可使观赏期延长。

草本花卉可弥补木本花卉的不足。在园林植物的色泽、花型、树冠形态和高度，植物寿命和生长势方面相互协调的同时，调整每个组合内部植物的构成比例及各组合间的关系，可达到尽可能理想的艺术效果。如枇杷树前美人蕉，樱花树下万寿菊，可达到三季有花、四季常青的效果。

随着时间的推移，植物形态不断发生变化，并随季节改变而引起园林景观的改变。因此，在植物配置时，既要保持景观的相对稳定性，又要利用其季相变化的特点，创造四季有景可赏的园林景观。在树种的选择上要充分考虑其今后可能形成的景观效果，如采用速生树种与慢生树种结合种植的方法，形成春季繁花似锦、夏季绿树成荫、秋季叶色多变、冬季银装素裹，四季景观各异、近似自然风光，使游人感到大自然的生机及其变化，有一种身临其境的感觉。按季节变化可选择的植物有早春开花的迎春、桃花、榆叶梅、连翘、丁香等；晚春开花的月季、玫瑰、棕榈等；初夏开花的木槿、紫薇和各种草花等；秋季观叶的枫香、红枫、三角枫、银杏和观果的海棠、山里红等；冬季观花的蜡梅，观叶的南天竹，观果的火棘，观枝的红瑞木，翠绿的油松、桧柏、龙柏等。总的配置效果是四季有花、四季有绿。

利用植物的观赏特性，创造园林意境，是我国古典园林中常用的传统手法。园林植物观赏特性千差万别，给人感受亦有区别。配置时可利用植物的姿态、色彩、芳香、声响方面的观赏特性，根据功能需求，合理布置，构成观形、赏色、闻香、听声的景观。如把松、竹、梅喻为"岁寒三友"，把梅、兰、竹、菊比为"四君子"，这都是运用园林植物的姿态、气质、特性给人的不同感受而产生的比拟联想，从而在有限的园林空间中创造出无限的意境。

二、园林树木的配置

（一）规则式配置

1. 对植

将乔木或灌木以相互呼应之势种植于构图中轴线两侧，以主体景物中轴线为基线，取得景观的均衡关系，这种种植方式称为对植，有对称和非对称之分。

（1）对称对植

一般指中轴线两侧种植的树木在数量、品种规格上要求对称一致。常用在房屋和建筑物前及广场入口处，街道上的行道树是这种栽植方式的延续和发展。

（2）非对称对植

只强调一种均衡的协调关系，当采用同一树种时，其规格、树形反而要求不一致；与中轴线的垂直距离为规格大的要近些，规格小的要远些。这种对植方式也可采用株数不同，一侧为一株大树，另一侧为同一树种的两株小树，也可以两侧是相似而不同种的植株或树丛。

2. 行植

植物按一定的株距成行种植，甚至是多行排列，这种方式称为行植或列植。多用于行道树、林带、河边与绿篱的栽植。

一行的行植，一般要求树种单一。长度太长可用不同的树种分段栽植。两行以上的行植，行距可以相等，也可以不相等，可以成纵列，也可以成梅花状、品字形。当行植的线形由直线变为圆时可称之为环植，环植可以是单环植也可多环植。

株行距应视树木种类和所需遮阳的郁闭程度而定。一般大乔木行距为 5~8 m，中、小乔木为 3~5 m；大灌木为 2~3 m，小灌木为 1~2 m，成行的绿篱株距一般为 30~50 cm。

（二）自然式配置

自然式的植物配置方法，多选树形或树体其他部分美观或奇特的品种，或有生产、经济价值，或有其他功能的树种，以不规则的株行距进行配置。

1. 孤植

在一个开旷的空间，如一片草地、一个水面附近，远离其他景物，种植一株姿态优美的乔木或灌木称为孤植。孤植树应具备优美的姿态树形，如挺拔雄伟、浑厚端庄、展枝优雅、线条宜人等；或具有美丽的花朵与果实。适合作孤植的树种有雪松、华山松、白皮松、油松、云杉、冷杉、广玉兰、白玉兰、蜡梅、马褂木、七叶树、樱花、榕树等。

2. 丛植（树丛）

三株以上同种或几种树木组合在一起的种植方法称为丛植，多布置于庭园绿地中的路边，草坪上或建筑物前的某个中心。

一种植物成丛栽植要求姿态各异，相互趋承；几种植物组合丛植则要多种搭配。如常绿树与阔叶树、观花树与观叶树、乔木与灌木、喜阳树与喜阴树、针叶树与阔叶树搭配等，都有十分广阔的选择范围和灵活多样的艺术效果。

3. 群植（树群）

以一两种乔木为主体，和数种乔木、灌木相搭配，组成较大的树木群体，称为群植或树群。群植在功能上能防止强风的吹袭，供夏季游人纳凉、歇荫，遮蔽园中不美观的部分。

4. 片植（纯林或混交林）

单一树种或两个以上树种大量成片种植，前者为纯林，后者为混交林。多用于自然风景区或大中型公园及绿地中。

（三）花卉的配置

艳丽多姿的露地花卉，可使园林和街景更加丰富多彩。其独特的艳丽色彩、婀娜多姿的形态可供人们欣赏；群体栽植还可组成变换无穷的图案和多种艺术造型。群体栽植的形式可分为花坛、花境、花丛、花池、花台等。

1. 花坛

花坛是在种植床内对观赏花卉做规则式种植的植物配置方式及其花卉群体的总称。花坛内种植的花卉一般都有两种以上，具有浓厚的人工风味，属于另一种艺术风格，在园林绿地中往往起到画龙点睛的作用，应用十分普遍。花坛大多布置在道路交叉点、广场、庭园、大门前的重点地区。花坛以其植床的形态可分为：圆形、方形、多边形。以其种植花卉所要表现的主体可分为：单色花坛、模纹花坛、标题式花坛等。通常按其在园林绿地中的地位来区分。

（1）独立花坛

一般处于绿地的中心地位，是作为园林绿地的局部构图而设置的。它的平面形态是对称的几何图形，可以是圆形、方形或多边形。

（2）组群花坛

由多个花坛组成一个统一整体布局的花坛群称为组群花坛。其布局是规则对称的，中心部分可以是独立花坛、水池、喷泉、纪念碑、雕塑，但其基底平面形态总是对称的。组群花坛适宜于大面积广场的中央、大型公共建筑前的场地之中或是规则式园林构图的中心部位。

（3）带状花坛

长度为宽度3倍以上的长形花坛称为带状花坛。常设置于人行道两侧、建筑墙垣、广场边界、草地边缘，既用来装饰，又用以限定边界区域。

（4）连续花坛

由许多个各自分设的圆形、正方形、长方形、菱形、多边形花坛成直线或规则弧线排列成一段，有规则的整体时就称为连续花坛。连续花坛除在林荫道和广场周边或草地边缘布置外，还设置在两侧有台阶的斜坡中央。其各个花坛可以是斜面的，也可以是各自株高不等的阶梯状。

2. 花境、花丛

（1）花境

花境是园林绿地中一种较特殊的种植形式，布置一般以树丛、绿篱、矮墙或建筑物等作为背景，根据组景的不同特点形成宽窄不一的曲线或直线花带。花境内的植物配置为自然式，主要欣赏其本身特有的自然美以及植物组合的群体美。

花境的基本功能是美化，是点缀装饰。其设计首先是确定平面，要讲究构图完整，高低错落，一年四季季相变化丰富又看不到明显的空秃。配置在一起的各种花卉不仅彼此间色彩、姿态、体量、数量应协调，而且相邻花卉的生长强弱、繁衍速度也应大体相近，植株之间能共生而不能排斥。花境中的各种花卉呈斑状混交时斑块的面积可大可小，但不宜过于零碎和杂乱。几乎所有的露地花卉都能作为花境的材料，但以多年生的宿根、球根花卉为宜。因为这些花卉能多年生长，不需要经常更换，养护起来比较省工，还能使花卉的特色发挥得更充分。设计者要了解花卉的不同生长习性，尤其是开花时的株高及花后生长景观情况，选择不同种类合理搭配，使花境具有持久和良好的观赏效果。

（2）花丛

花丛是园林绿地中花卉的自然式种植形式，是园林绿地中花卉种植的最小单元或组合。每丛花卉由三至十几株组成，按自然式分布组合。

花丛可以布置在一切自然式园林绿地或混合式园林布置的适宜地点，也起点缀的作用。由于花丛一般种植于自然式园林之中，不能多加修饰和精心管理，因此常用多年生花卉或能自行繁衍的花卉。

3. 花池、花台

花池，指边缘用砖石围护起来的种植床内，灵活自然地种上花卉或灌木、乔木，往往还有山石配景以供观赏，这一花木配置方式与其植床通称花池。当花池高度达40cm，甚至脱离地面为其他物体所支撑就称为花台。花池和花台是我国庭园中两种常见的栽植形式。一般设于门旁、墙前、墙角，其本身也可成为欣赏的景物。

（四）草坪的配置

在园林绿化布局中有一个很重要的原则就是要有开有合，即在园林环境中既要有封闭的空间，又要有一定的开阔空间。获取开阔风景的主要因素就是草坪。

依据草坪的功能将草坪分为：游憩草坪、体育场草坪、飞机场草坪、观赏草坪、放牧草坪；依据生物因子区分为：纯种草坪（由一种草本植物组成）、混合草坪（混交草地）、缀花草坪；依据草坪与树木的关系分为：空旷草坪（草地）、稀树草坪（草地）、疏林草坪（草地）、林下草坪（草地）；依据园林布局和立意区分：自然式草坪（草地）、规则式草坪（草地）、闭锁草坪（草地）、开阔草坪（草地）。

常用的草坪植物分冷地型草种和暖地型草种。冷地型草种又叫寒季型或冬绿型草坪植物，耐寒冷，喜湿润冷凉气候，抗热性差，春秋两季生长旺盛，夏季生长缓慢，呈半休眠状态。主要有匍茎剪股颖、草地早熟禾、小羊胡子草。暖地型草坪又称夏绿型草种，生长最适温度 26~32℃，早春开始返青复苏，入夏后生长旺盛，性喜温暖湿润的气候，耐寒能力差。主要有结缕草、马尼拉草、天鹅绒草、野牛草、狗牙根。

草坪植物应选择易繁殖、生长快，能迅速形成草皮并布满地面，耐践踏、耐修剪、绿色期长、适应性强的品种，因地制宜。草坪植物的配置，应掌握以下基本原则：

1. 注意草坪植物各种功能的有机配合

草坪植物属多功能性植物，在考虑环境保护功能的同时，还要兼顾其供人欣赏、休息、满足儿童游戏活动，开展各种球类比赛、固土护坡、水土保持等功能。

2. 充分发挥草坪植物本身的艺术效果

草坪是园林造景的主要材料之一，不仅具有独特的色彩表现，而且有极丰富的地形起伏、空间划分等不同变化，这些都会给人以不同的艺术感受。草坪植物自身具有不同的季节变化，如暖季型草坪初春逐渐由浅黄变为嫩绿，这会让人感到春回大地。夏日夕阳西下，绿毯随风翻波，让人身心愉快。深秋绿草渐黄，平坦的草坪，让人感觉秋高气爽。冬日一片金黄，为冬游提供活动场地。另外，草坪的开朗、宽阔，林缘线的曲折变化，都能产生不同的艺术效果。

3. 根据植物的生长习性合理搭配草坪植物

各种草坪植物均具有不同的生长习性，如有的喜光，有的耐阴，有的耐干旱，有的耐严寒，有的极具再生能力等。因此在选择时，必须根据不同的立地条件，选择生长习性适合的草坪植物，必要时还须做到草种的合理混合搭配。如需四季常绿供人欣赏的，就必须对冷季型草种进行合理搭配，使各种草的生长特性互补，必要时还须混合一些暖季型草种。

4. 注意与山石、树木等其他材料的协调关系

在草坪上配置其他植物和山石等物，不仅能增添和影响整个草坪的空间变化，而且能丰富草坪景观内容。如不少的庭院绿化，都能较好地利用地形和石块等变化来丰富草坪景观，使草坪的空间出现较多的曲折变化，大大提高了绿地的艺术效果。

在草坪上配置孤植树和树丛时，树木的叶色变化，如红枫的红色、紫叶李的紫色、金丝柳的金色等，都能给草坪锦上添花。在一些街头绿地，设计者常喜欢在草坪边缘配置各种绿篱、草花类、球根类等作为草坪的镶边植物，或用石块、鹅卵石来装饰草坪，增加草坪的色泽，提高草坪的装饰性。

（五）攀缘植物的配置

攀缘植物能遮蔽景观不佳的建筑物，既是一种装饰，还具有防日晒、降低气温、吸附尘埃、增加绿视率等作用。它占地少，能充分利用空间，在人口众多、建筑密度大、绿化用地不足的城市中尤显其优越性。

1. 攀缘植物的应用形式

（1）垂挂式

常用凌霄、中华常春藤、地锦等垂挂于景点入口、高架立交桥、人行天桥、楼顶（或平台）边缘等处，形成独特的垂直绿化景观。

（2）立柱式

常用凌霄、金银花、五叶地锦等，栽植于专设的支柱或墙柱旁，攀缘植物靠卷须沿立柱上的牵引铁丝生长，形成立体绿化景观。

（3）蔓靠式（凭栏式）

常用蔷薇等，靠近围墙、栅栏、角隅栽植，这些带钩刺的攀缘植物便靠着围墙、栅栏生长，目前多用于围墙的建造上。

（4）附壁式

以爬山虎、中华常春藤、地锦等附着建筑物或陡坡，形成绿墙、绿坡。

（5）凉廊式

以紫藤、凌霄、葡萄、木香、藤本月季等攀缘植物覆盖廊顶，形成绿廊与花廊，增加绿色景观。

（6）篱垣式

在篱架、矮墙、铁丝网旁栽植，常用的攀缘植物有牵牛花、金银花、五叶地锦、茑萝松等。

2. 垂直绿化的基本方法

选择攀缘植物的依据主要有三个方面：一是生态要求，要考虑立地条件；二是功能要求，根据不同形式正确选用植物；三是注意与建筑物色彩、风格相协调，如红砖墙不宜选用秋叶变红的攀缘植物，而灰色、白色墙面，则可选用秋叶红艳的攀缘植物。

（1）庭院垂直绿化

一般与棚架、网架、廊、山石配置，栽植花色丰富的爬蔓月季、紫藤等，以及有经济效益的葡萄等，创造幽静而美丽的小环境。

（2）墙面垂直绿化

包括楼房、平房和围墙，选用具有吸盘或吸附根容易攀附的植物，如中华常春藤、爬山虎、蔷薇等，注意与门窗的位置和间距。

（3）住宅垂直绿化

包括阳台、天井、晒台、墙面，选用牵牛花、常春藤等。或设支架，或使攀缘植物沿栅栏生长。

三、园林植物其他配置

（一）水体的园林植物配置

1. 园林植物与水体的景观关系

园林水体给人以明净、清澈、近人、开怀的感受。古人称水为园林中的"血液""灵魂"，古今中外的园林，对于水体的运用是非常重视的。宋朝的郭熙在《山泉高致·山水训》中有这样一段对水的描写："水，活物也，其形欲深静，欲柔滑，欲汪洋，欲回环，欲肥腻，欲喷薄，欲激射，欲多泉，欲远流，欲瀑布插天，欲溅扑入地，欲渔钓怡怡，欲草木欣欣，欲挟烟而秀媚，欲照溪谷而光辉，此水之活体也。"堪称对水体绝妙的刻画。

众所周知，水是构成景观的重要因素。因此，在各种风格的园林中，水体均有其不可替代的作用。古人论风景必曰山水。李清照称"水光山色与人亲"，描述了人有亲水的欲望。故我国南、北古典园林中，几乎无园不水。西方规则式园林中同样重视水体。凡尔赛园林中令人叹为观止的运河及无数喷泉就是一例。园林水体可赏、可游。大水体有助于空气流通，即使是一斗碧水映着蓝天，也可起到使游客的视线无限延伸的作用，在感觉上扩大了空间。淡绿透明的水色、简洁平淌的水面是各种园林景物的底色，与绿叶相调和，与艳丽的鲜花相对比，相映成趣。园林中各类水体，无论其在园林中是主景、配景或小景，无一不借助植物来丰富水体的景观。水中、水旁园林植物的姿态、色彩所形成的倒影，均加强了水体的美感。有的绚丽夺目、五彩缤纷，有的则幽静含蓄、色调柔和。

如英国谢菲尔德公园四个湖面植物配置取得截然不同的景色效果。第一、二湖面倒影及湖边植物色彩绚丽夺目，五彩缤纷。以松、柏、云杉的绿色为背景，春季突出红色的杜鹃花，白色的北美唐棣花，水边粉红色的落新妇、黄花鸢尾及具黄色佛焰苞的观音莲；夏季欣赏水中红、白睡莲；秋季湖边各种色叶树种，如北美紫树、卫矛、落叶杜鹃、北美唐棣、佛塞纪木，还有落羽杉、水杉等，红、棕、黄等色竞相争艳。此外，还有四季都呈金黄色的金黄叶美洲花柏；春、夏、秋都为红色的红枫。沿湖游览，目不暇接，绚丽的色彩使人兴奋、刺激性强，非常适合年轻人活泼的性格。相反，在第三、四湖面周围都种植了不同绿色度的树种作为基调,稍点缀几株秋色叶树种,形成了宁静、幽雅的水面,同时不失万绿丛中一点红的景观,非常适合中老年游人,以及一些性格内向、喜静的年轻人游憩。

2. 园林中各类水体的植物配置

综观园林水体,不外乎湖、池等静态水景及河、溪、涧、瀑、泉等动态水景。

(1) 湖

湖是园林中最常见的水体景观。如杭州西湖、武汉东湖、北京颐和园昆明湖、南宁南湖、济南大明湖,还有广州的华南植物园、越秀公园、流花湖公园等都有大小不等的湖面。

杭州西湖,湖面辽阔,视野宽广。沿湖景点突出季节景观,如苏堤春晓、曲院风荷、平湖秋月等,春季,桃红柳绿,垂铆、悬铃木、枫香、水杉、池杉新叶一片嫩绿;碧桃、东京樱花、日本晚樱、垂丝海棠、溲疏、迎春先后吐艳,与嫩绿叶色相映,春色明媚,确似一袭红妆笼罩在西湖沿岸。西湖的秋色更是绚丽多彩。红、黄、紫色具备,色叶树种丰富。有无患子、悬铃木、银杏、鸡爪槭、红枫、枫香、乌桕、三角枫、柿、油柿、重阳木、紫叶李、水杉等。华南植物园内湖岸有几处很优美的植物景观,采用群植的方式,大片的落羽松林、假槟榔林、散尾葵群;鹿湖四周探向水面的紫花羊蹄甲、西双版纳植物园内湖边的大王椰子及丛生竹等都是湖边植物配植引人入胜的景观。

(2) 池

在较小的园林中,水体的形式常以池为主。为了获得"小中见大"的效果,植物配置常突出个体姿态或利用植物分割水面空间、增加层次,同时也可创造活泼和宁静的景观。如苏州网师园,池面才 $410m^2$,水面集中。池边植以柳、碧桃、玉兰、黑松、侧柏、白皮松等,疏密有致,既不挡视线,又增加了植物层次。池边一株苍劲、古拙的黑松,树冠及虬枝探向水面,倒影生动,颇具画意。在叠石驳岸上配植了南迎春、紫藤、络石、薜荔、地锦等,使得高于水面的驳岸略显悬崖野趣。

无锡寄畅园的绵汇池,面积 $1667\ m^2$。池中部的石矶上两株枫杨斜探水面,将水面空间划分成南北有收有放的两大层次,似隔非隔,有透有漏,使连绵的流水似有不尽之意。

杭州植物园百草园中的水池四周,植以高大乔木,如麻栎、水杉、枫香。岸边的鱼腥草、蝴蝶花、石菖蒲、鸢尾、萱草等作为地被。在面积仅 $168\ m^2$ 的水面上布满树木的倒影,因此水面空间的意境非常幽静。

(3) 溪涧与峡

《画论》中曰:"峪中水曰溪,山夹水曰涧。"由此可见溪涧与峡谷最能体现山林野趣。自然界这种景观非常丰富。如北京百花山的"三叉城"，就是三条溪涧。溪涧流水淙淙，山石高低形成不同落差，并冲出深浅、大小各异的水池，造成各种水声。溪涧石隙旁长着野生的华北楼斗菜、升麻、落新妇、独活、草乌以及各种禾草。溪涧上方或有东陵八仙花的花枝下垂，或有天目琼花、北京丁香遮挡。最为迷人的是山葡萄在溪涧两旁架起天然的葡萄棚，串串紫色的葡萄似水晶般地垂下。

贵州花溪公园一条长形河道中有长条洲滩。据说原先种满木芙蓉。如恢复原貌，收集全国优良的木芙蓉品种植于洲上，成为名副其实的芙蓉洲，再沿水边植以奇花异卉，花溪公园就名副其实成为花溪了。

杭州玉泉溪位于玉泉观鱼东侧，为一条人工开凿的弯曲小溪涧。引玉泉水东流入植物园的山水园，溪长 60 余米，宽仅 1 米左右，两旁散植樱花、玉兰、女贞、南迎春、杜鹃、山茶、贴梗海棠等花草树木，溪边砌以湖石，铺以草皮，溪流从矮树丛中涓涓流出，每到春季，花影堆叠婆娑，成为一条蜿蜒美丽的花溪。

英国皇家园艺协会的威斯里公园，在岩石园下有两条花溪，溪边种满了万紫千红的奇花异卉。鸢尾属的燕子花、金脉鸢尾、溪苏、道格拉氏鸢尾等；报春属的喜马拉雅报春、琥珀报春、高穗报春等；各种落新妇栽培品种；牻牛儿苗属、岩白菜属、玉簪属等花卉，更是妩媚动人。

北京颐和园中谐趣园的玉琴峡长近 20 米，宽 1 米左右，两岸巨石夹峙，其间植有数株挺拔的乔木，岸边岩石缝隙间生有荆条、酸枣、蛇葡萄等藤、灌，形成了一种朴素、自然的清凉环境，保持了自然山林的基本情调。峡口配植了紫藤、竹丛，颇有江南风光。可惜紫藤旁架设的钢架十分人工气，宜拆除。

3. 堤、岛的植物配置

水体中设置堤、岛是划分水面空间的主要手段。而堤、岛上的植物配置，不仅增添了水面空间的层次，而且丰富了水面空间的色彩，倒影成为主要的景观。

（1）堤

堤在园林中虽不多见，但杭州的苏堤、白堤，北京颐和园的西堤，广州流花湖公园及南宁南湖公园都有长短不同的堤。堤常与桥相连，故也是重要的游览路线之一。苏堤、白堤除桃红柳绿、碧草的景色外，各桥头配植不同植物。苏堤上还设置有花坛。北京颐和园西堤以杨、柳为主，玉带桥以浓郁的树林为背景，更衬出桥身洁白。广州流花湖公园湖堤两旁，各植两排蒲葵，由于水中反射光强，蒲葵的趋光性，导致朝向水面倾斜生长颇具动势。远处望去，游客往往疑为椰林。南湖公园堤上各处架桥，最佳的植物配置是在桥的两端很简洁地种植数株假槟榔，潇洒秀丽。水中三孔桥与假槟榔的倒影清晰可见。

（2）岛

岛的类型众多，大小各异。有可游的半岛及湖中岛，也有仅供远眺、观赏的湖中岛。前者在植物配置时还要考虑导游路线，不能有碍交通，后者不考虑导游，植物配置密度较大，要求四面皆有景可赏。

北京北海公园琼华岛面积 5.9 hm²，孤悬水面东南隅。古人以"堆云""叠翠"来概括琼华岛的景色。其中"叠翠"，就是形容岛上青翠欲滴的古松柏犹如珠玑翡翠的汇集。全岛植物种类丰富，环岛以柳为主，间植刺槐、侧柏、合欢、紫藤等植物。四季常青的松柏不但将岛上的亭、台、楼、阁掩映其间，并以其浓重的色彩烘托出岛顶白塔的洁白。

杭州三潭印月可谓是湖岛的范例。全岛面积约 7 hm²。岛内由东西、南北两条堤将岛划成田字形的四个水面空间。堤上植大叶柳、香樟、水芙蓉、紫藤、紫薇等乔灌木，疏密有致，高低有序，增加了湖岛的层次、景深和丰富的林冠线。构成了整个西湖的湖中有岛、岛中套湖的奇景。而这种虚实对比、交替变化的园林空间在巧妙的植物配置下，表现得淋漓尽致。综观三潭印月这一庞大的湖岛，在比例上与西湖极为相称。

公园中不乏小岛屿，组成园中景观。北京什刹海的小岛上遍植柳树。长江以南各公园或动物园中的水禽湖、天鹅湖中，岛上常植以池柏，林下遍种较耐阴的二月蓝、玉簪，岛边配置十姐妹等开花藤灌探向水面，浅水中种植黄花鸢尾，等等。既供游客赏景，也是水禽良好的栖息地。英国的邱园及格拉斯哥教堂花园中的湖岛，突出杜鹃，盛开时，湖中倒影一片鲜红，白天鹅自由自在地游戏在湖中，非常自然。也有故意疏于管理，使岛上植物群落颇具野趣。广东的小鸟天堂，就是独木成林的榕树，引来了大批飞鸟。不受干扰的绿岛，具有良好的引鸟功能。

4. 水边的植物配置

（1）水边植物配置的艺术构图

①色彩构图。

淡绿透明的水色，是调和各种园林景物色彩的底色，如水边碧草、绿叶，水中蓝天、白云。但对绚丽的开花乔灌木及草本花卉，或秋色，却具衬托的作用。英国某苗圃办公室临近水面，办公室建筑为白色墙面，与近旁湖面间铺以碧草，水边配植一棵樱花、一株杜鹃。水中映着蓝天、白云、白房、粉红的樱花、鲜红的杜鹃。色彩运用非常简练，倒影清晰，景观活泼又醒目。南京白鹭洲公园水池旁种植的落羽杉和蔷薇。春季落羽杉嫩绿色的枝叶像一片绿色屏障衬托出粉红色的十姐妹，绿水与其倒影的色彩非常调和；秋季棕褐色的秋色叶丰富了水中色彩。上海动物园天鹅湖畔及杭州植物园山水园湖边的香樟春色叶色彩丰富，有的呈红棕色，也有嫩绿、黄绿等不同的绿色，丰富了水中春季色彩，并可以维持数周效果。如再植以乌桕、苦楝等耐水湿树种，则秋季水中倒影又可增添红、黄、紫等色彩。

②线条构图。

平直的水面通过配置具有各种树形及线条的植物，可丰富线条构图。英国勃莱汉姆公园湖边配置钻天杨、杂种柳、欧洲七叶树及北非雪松。高耸的钻天杨与低垂水面的柳条与平直的水面形成强烈的对比，而水中浑圆的欧洲七叶树树冠倒影及北非雪松圆锥形树冠轮廓线的对比也非常鲜明。我国园林中自古水边也主张植以垂柳，造成柔条拂水、湖上新春的景色。此外，在水边种植落羽杉、池杉、水杉及具有下垂气根的小叶榕均能起到线条构图的作用。另外，水边植物栽植的方式，探向水面的枝条，或平伸，或斜展，或拱曲，在水面上都可形成优美的线条。

③透景与借景。

水边植物配置切忌等距种植及整形式修剪，以免失去画意。栽植片林时，留出透景线，利用树干、树冠框住对岸景点。如颐和园昆明湖边利用侧柏林的透景线，框万寿山佛香阁这组景观。英国谢菲尔德公园第一个湖面，也利用湖边片林中留出的透景线及倾向湖面的地形，引导游客很自然地走向水边欣赏对岸的红枫、卫矛及北美紫树的秋叶。一些姿态优美的树种，其倾向水面的枝、干可被用作框架，以远处的景色为画，构成一幅自然的画面。如南宁南湖公园水边植有很多枝、干斜向水面；弯曲有致的台湾相思，透过其枝、干，正好框住远处的多孔桥，画面优美而自然。

探向水面的枝、干，尤其似倒未倒的水边大乔木，在构图上可起到增加水面层次的作用，并且颇富野趣。如三潭印月倒向水面的大叶柳。

园内外互为借景也常通过植物配置来完成。颐和园借西山峰峦和玉泉塔为景，是通过在昆明湖西堤种植柳树和丛生的芦苇，形成一堵封闭的绿墙，遮挡了西部的园墙，使园内外界线无形中消失了。西堤上六座亭桥起到空间的通透作用，使园林空间有扩大感。当游人站在东岸，越过西堤，从柳树组成的树冠线望去——玉泉塔，在西山群峰背景下，俨然园内的景点。

（2）驳岸的植物配置

岸边植物配置很重要，既能使山和水融成一体，又对水面空间的景观起着主导的作用。驳岸有土岸、石岸、混凝土岸等，分为自然式或规则式。自然式的土驳岸常在岸边打入树桩加固。

我国园林中采用石驳岸及混凝土驳岸居多。

①土岸。

自然式土岸边的植物配置最忌等距离，用同一树种、同样大小，甚至整形式修剪，绕岸栽植一圈。应结合地形、道路、岸线配置，有近有远，有疏有密，有断有续，曲曲弯弯，自然有趣。英国园林中自然式土岸边的植物配置，多半以草坪为底色，为引导游人到水边赏花，常种植大批宿根、球根花卉，如落新妇、围裙水仙、雪钟花、绵枣儿、报春属以及蓼科、天南星科、鸢尾属、毛茛属植物。红、白、蓝、黄等色五彩缤纷，犹如我国青海湖边、新疆喀纳斯湖边的五花草甸。为引导游人临水观倒影，则在岸边植以大量花灌木、树丛及姿态优美的孤立树。尤其是变色叶树种，一年四季具有色彩。土岸常高出水面少许，站在岸边伸手可及水面，便于游人亲水、嬉水。我国上海龙柏饭店内的花园设计属英国风格。起伏的草坪延伸到自然式的土岸、水边。岸边自然式配置了鲜红的杜鹃花和红枫，衬出嫩绿的垂柳，以雪松、龙柏为背景，水中倒影清晰。杭州植物园山水园的土岸边，一组树丛配置具有四个层次。高低错落，延伸到水面上的合欢枝条，以及水中倒影颇具自然之趣。早春有红色的山茶、红枫，黄色的南迎春、黄菖蒲，白色的毛白杜鹃及芳香的含笑；夏有合欢；秋有桂花、枫香、鸡爪槭；冬有马尾松、杜英。四季常青，色香俱备。

②石岸。

规则式的石岸线条生硬、枯燥，柔软多变的植物枝条可补其拙。自然式的石岸线条丰富，优美的植物线条及色彩可增添景色与趣味。苏州拙政园规则式的石岸边种植垂柳和南迎春，细长柔和的柳枝下垂至水面，圆拱形的南迎春枝条沿着笔直的石岸壁下垂至水面，遮挡了石岸的丑陋。一些大水面规则式石岸很难被全部遮挡，只能用些花灌木和藤本植物，诸如夹竹桃、南迎春、地锦、薜荔等来局部遮挡，稍加改善，增加些活泼气氛。

自然式石岸的岸石，有美，有丑。植物配置时要露美，遮丑。

（3）水边绿化树种选择

水边绿化树种首先要具备一定的耐水湿能力，另外还要符合设计意图中美化的要求。我国从南到北常见应用的树种有：水松、蒲桃、小叶榕、高山榕、水翁、水石榕、紫花羊蹄甲、木麻黄、椰子、蒲葵、落羽松、池杉、水杉、大叶柳、垂柳、旱柳、水冬瓜、乌桕、苦楝、悬铃木、枫香、枫杨、三角枫、重阳木、柿、榔榆、桑、拓、梨属、白蜡属、垂柳、海棠、香樟、棕榈、无患子、蔷薇、紫藤、南迎春、连翘、海棠、夹竹桃、桧柏、丝棉木等。英国园林中水边常见的树种中观赏树姿的有：垂枝柳叶梨、巨杉、北美红杉、北美黑松、钻天杨、杂种柳、七叶树、北非雪松等；色叶树种有红栎、水杉、中华石楠、鸡爪槭、英国槭、北美紫树、连香树、落羽杉、池杉、卫矛、金钱松、日光槭、血皮槭、糖槭、圆叶槭、佛塞纪木、银杏、北美枫香、枫香、金松、花楸属、北美唐棣等；变叶树种有灰绿北非雪松、灰绿北美云杉、金黄挪威槭、金黄美洲花柏、金黄大果柏、紫叶山毛榉、金黄叶刺槐、紫叶臻、紫叶小檗、金黄叶山梅花、金黄叶接骨木等；常见的花灌木有多脉四照花、杜鹃属、欧石南、红脉吊钟花、花揪属、八仙花、圆锥八仙花、北美唐棣、山楂属等。

5. 水面植物配置

水面景观低于人的视线，与水边景观呼应，加上水中倒影，最宜游人观赏。

杭州植物园裸子植物区旁的湖中、可见水面上有控制地种植了一片萍蓬，金黄色的花朵挺立水面，与水中水杉倒影相映，犹如一幅优美的水面画。西双版纳植物园湖中种植的王莲、睡莲太拥挤，岸边优美的大王椰子的树姿以及蓝天、白云的倒影却无法展望，甚是可惜。北京北海公园东南部的一片湖面，遍植荷花，倒是体现了"接天莲叶无穷碧，映日荷花别样红"的意境，每当游人环湖漫步在柳林下，阵阵清香袭来，非常惬意。当朵朵莲蓬挺立水面时，又是一番水面庄稼丰硕景象；遗憾的是水面看不到白塔美丽的倒影。因此，在岸边若有亭、台、楼、阁、榭、塔等园林建筑，或种植有优美树姿、色彩艳丽的观花、观叶树种，则水中的植物配置切忌拥塞，必须予以控制，留出足够空旷的水面来展示倒影。对待一些污染严重、具有臭味的水面，则宜配植抗污染能力强的凤眼莲、水浮莲以及浮萍等，布满水面，隔臭防污，使水面犹如一片绿毯或花地。西方某些国家的园林中开始提倡野趣园。野趣最宜以水面植物配植来体现。通过种植些野生的水生植物，如芦苇、蒲草、香蒲、慈菇、杏菜、浮萍、槐叶萍，水底植些眼子菜、玻璃藻、黑藻等，则此水景野趣横生。

(二) 山石的园林植物配置

假山一般以表现石的形态、质地为主，不宜过多地配置植物，有时可在石旁配置一两株小乔木或灌木。在需要遮掩时，可种攀缘植物半埋于地面的石块旁，则常常以树带草或低矮花卉相配。溪涧旁石块，常植以各类水草，以助自然之趣。

1. 土山

土山土层浓厚，面积较大，适宜种植落叶树种，既可单种成片，又可杂树混种。

2. 石山

假山全部用石，体形较小，既可下洞上亭，亦可下洞上台，或如屏如峰置于庭院内、走廊旁，或依墙而建，兼作登楼蹬道。由于山无土，植物配于山脚显示了山之峭拔，树木既要少又要形体低矮，姿态虬曲的松、朴和紫薇等是较合适的树种。

(三) 建筑的园林植物配置

应用园林建筑是园林中景观明显、位置和体形固定的主要要素。园林植物与建筑的配置是自然美与人工美的结合。园林植物使园林主体显得更加突出，在丰富建筑艺术构图的同时，协调建筑周围的环境，赋予建筑物以时间和空间的季相感。随着社会的发展，人们对园林植物的美化功能的认识，发展到了室内装饰和屋顶绿化。

1. 古建筑园林植物配置

首先，要符合建筑物的性质和所要表现的主题。如在杭州"平湖秋月"碑亭旁，栽植一株树冠如盖的较大的秋色树；"闻木樨香轩"旁，以桂花树环绕，等等。其次，要使建筑物与周围环境协调。如建筑物体量过大，建筑形式呆板，或位置不当等，均可利用植物遮挡或弥补。再次，要加强建筑物的基础种植，墙基种花草或灌木，使建筑物与地面之间有一个过渡空间，或起稳定基础的作用。屋角点缀一株花木，可克服建筑物外形单调的感觉。墙面可配置攀缘植物，雕像旁宜密植有适当高度的常绿树作背景。座椅旁宜种庇荫的、有香味的花木等。

还要根据不同的园林风格对植物有不同的造景要求。皇家园林建筑大多体量庞大、色彩浓重、布局严整，故常选用油松、白皮松、侧柏、桧柏等四季常青的高大乔木以示皇族的兴旺不衰。私家园林尤其是江南私家园林建筑色彩淡雅，在建筑围合的空间中布置园林，要求小中见大，体现"咫尺山林"的自然景色，植物配置以少胜多，如诗如画。

2. 屋顶园林植物配置

随着建筑及人口密度的不断增长，而城内绿地面积有限，屋顶花园就会在可能的范围内相继蓬勃发展，这将使建筑与植物更紧密地融为一体，丰富了建筑的美感，也便于居民就地游憩，减少市内大公园的压力。当然屋顶花园对建筑的结构在解决承重、漏水方面提出了要求，在江南一带气候温暖、空气湿度较大，所以浅根性，树姿轻盈、秀美，花、叶美丽的植物种类都很适宜配置于屋顶花园中。尤其在屋顶铺以草皮，其上再植以花卉和花灌木，效果更佳，在北方营造屋顶花园困难较多，冬天严寒，屋顶薄薄的土层很容易冻透，而早春的旱风在冻土层解冻前易将植物吹干，故宜选用抗旱、耐寒的草种、宿根、球根花卉以及乡土花灌木，也可采用盆栽、桶栽，冬天便于移至室内过冬。但有些做法并不高明，如花架上爬着用塑料做的假丝瓜，用有色水泥做成的假树干，舍真取假并不可取。

3. 室内园林植物景观配置

室内植物景观设计首先要服从室内空间的性质、用途，再根据其尺度、形状、色泽、质地，充分利用墙面、天花板、地面来选择植物材料，加以构思与设计，达到组织空间、改善和渲染空间气氛的目的。

（1）组织空间

大小不同空间通过植物配置，达到突出该空间的主题，并能用植物对空间进行分隔、限定与疏导。

①组织游赏。

近年来许多大、中型公共建筑的底层或层间常开辟有高大宽敞、具有一定自然光照及有一定温度、湿度控制的"共享空间"，用来布置大型的室内植物景观，并辅以山石、水池、瀑布、小桥、曲径，形成一组室内游赏中心。广州白天鹅宾馆充分考虑到旅游特点，采用我国传统的写意自然山水园小中见大的布置手法，在底层大厅中贴壁建成一座假山，山顶有亭，山壁瀑布直泻而下，壁上除种植各种耐阴湿的蕨类植物、沿阶草、龟背竹外，还根据华侨思乡的旅游心理，刻上了"故乡水"三个大字。瀑布下连曲折的水池，池中有鱼，池上架桥，并引导游客欣赏珠江风光。池边种植旱伞草、艳山姜、棕竹等植物，高空悬吊巢蕨。优美的园林景观及点题使游客流连忘返。

西欧各国有很多超级市场的室内绿化设计非常成功，进而还建设了全气候、室内化的商业街，成为多功能的购物中心。为提高营业额，商场都很重视植物景观的设计，使顾客犹如置身露天商场。不但有绿萝、常春藤等垂吊植物，还有垂叶榕大树、应时花卉及各种观叶植物。日本妇女善插花，一般超级市场及大百货商店常举行插花展览，吸引女顾客光临参观并购物，也常设置鲜花柜台，既能营业又能美化商业环境。底层或层间常设置大型树台，宽大的周边可供顾客坐下谈事休息，更有的在高大的垂叶榕下设置桌椅，供顾客饮食、休息。

大型室内游泳池为使环境更为优美自然，在池边摆置硕大真实的卵石，墙边种植大型树木及椰子等棕榈科植物，墙上画上沙漠及热带景观，真真假假，以假乱真，使游泳者犹如置身在热带河、湖中畅游。为使植物生长茁壮，屋顶常用透光的玻璃纤维或玻璃制成。

②分隔与限定。

某些有私密性要求的环境，为了交谈、看书、独乐等，都可用植物来分隔和限定空间，形成一种局部的小环境。某些商业街内部，甚至动物园鸣禽馆中也有用植物进行分隔的。

分隔可运用花墙、花池、桶栽、盆栽等方法来划定界线，分隔成有一定透漏，又略有隐蔽的小空间，达到似隔非隔、相互交融的效果。但布置时一定要考虑到人行走及坐下时的视觉高度。

限定是指花台、树木、水池、叠石等均可成为局部空间中的核心，形成相对独立的空间，供人们休息、停留、欣赏。英国斯蒂林超级市场电梯底层有一半圆形大鱼池，池中游着锦鲤鱼，池边植满各种观叶植物，吸引很多儿童及顾客停留池边欣赏。近旁就被分隔成另一种功能截然不同的空间，在数株高大的垂叶榕下设置餐桌、坐椅，供顾客休息和饮食，在这熙攘的商业环境中辟出一块幽静的场所。而这两个邻近的空间，通过植物组织空间，互不干扰。

③提示与导向。

在一些建筑空间灵活而复杂的公共娱乐场所，通过植物的景观设计可起到组织路线、疏导的作用。主要出入口的导向可以用观赏性强的或体量较大的植物引起人们的注意，也可用植物作屏障来阻止错误的导向，使其不自觉地随着植物布置的路线疏导。

（2）改善空间感

室内植物景观设计主要是创造优美的视觉形象，也可通过人们的嗅觉、听觉及触觉等生理及心理反应，使其感觉到空间的完美。

①连接与渗透。

建筑物入口及门厅的植物景观可以起到人们从外部空间进入建筑内部空间的一种自然过渡和延伸的作用，有室内外动态的不间断感。这样就达到了连接的效果。室内的餐厅、客厅等大空间也常透过落地玻璃窗，使外部的植物景观渗透进来，作为室内的借鉴，并扩大了室内的空间感，给枯燥的室内空间带来一派生机。日本、欧美很多大宾馆及我国北京香山饭店都采用此法。

植物景观不仅能使室内外空间互相渗透，也有助于其相互连接，融为一体。如上海龙柏饭店用一泓池水将室内外三个空间连成一体。前边门厅部分池水仅仅露出很小部分，大部为中间有自然光的水体，池中布置自然山石砌成的栽植池，栽植南迎春、菖蒲、水生鸢尾等观赏植物，后边很大部分水体是在室外。一个水体连接三个空间，而中间一个空间又为两堵玻璃墙分隔，因此渗透和连接的效果均佳。

②丰富与点缀。

室内的视觉中心也是最具有观赏价值的焦点，通常以植物为主体，以其绚丽的色彩和优美的姿态吸引游人的视线。除植物外，也可用大型的鲜切花或干花的插花作品。有时用多种植物布置成一组植物群体，或花台，或花池，也有更大的视觉中心，用植物、水、石，再借光影效果加强变化，组成有声有色的景观。墙面也常被利用布置成视觉中心，最简单的方式是在墙前放置大型优美的盆栽植物或盆景，也有在墙前辟栽植池，栽上观赏植物，或将山墙有意凹入呈壁龛状，前面配置粉单竹、黄金间碧玉竹或其他植物，犹如一幅壁画，还有在墙上贴挂山石盆景、盆栽植物等。

③衬托与对比。

室内植物景观无论在色彩、体量上都要与家具陈设有所联系，有协调，也要有衬托及对比。苏州园林常以窗格框入室外植物为景，在室内观赏，为了增添情趣，在室内窗框两边挂上两幅画面，或山水，或植物，与窗外活植物的画面对比，相映成趣。北方隆冬天气，室外白雪皑皑，室内暖气洋洋，再用观赏植物布置在窗台、角隅、桌面、家具顶部，显得室内春意盎然，对比强烈。一些微型盆栽植物，如微型月季、微型盆景，摆置在书桌、几案上，衬托主人的雅致。

④遮挡、控制视线。

室内某些有碍观瞻的局部，如家具侧面，夏日闲置不用的暖气管道、壁炉、角隅等都可用植物来遮挡。

（3）渲染气氛

不同室内空间的用途不一，植物景观的合理设计可给人以不同的感受。现举例如下：

①入口。

公共建筑的入口及门厅是人们必经之处，逗留时间短，交通量大。植物景观应具有简洁鲜明的欢迎气氛，可选用较大型、姿态挺拔、叶片直上、不阻挡人们出入视线的盆栽植物。如棕榈、椰子、棕竹、苏铁、南洋杉等。也可用色彩艳丽、明快的盆花。盆器宜厚重、朴实，与入口体量相称，并在突出的门廊上可沿柱种植木香、凌霄等藤本观花植物。室内各入口，一般光线较暗，场地较窄，宜选用修长耐阴的植物。如棕竹、旱伞草等，给人以线条活泼和明朗的感觉。

②客厅。

客厅是接待客人或家人会聚之处，讲究柔和、谦逊的环境气氛。植物配置时应力求朴素、美观大方，不宜复杂。色彩要求明快，晦暗会影响客人情绪。在客厅的角落及沙发旁，宜放置大型的观叶植物，如南洋杉、垂叶榕、龟背竹、棕榈科植物等，也可利用花架来布置盆花，或垂吊或直上。如绿萝、吊兰、蟆叶海棠、四季海棠等，使客厅一角多姿多态，生机勃勃，角橱、茶几上可置小盆的兰花、彩叶草、球兰、万年青、旱伞草、仙客来等，或配以插花。橱顶、墙上配以垂吊植物，可增添室内装饰空间画面，更具立体感，又不占客厅的面积，常用吊竹梅、白粉藤类、蕨类、常春藤、绿萝等植物。如适当配上字画或壁画，环境则更为素雅。

③居室。

居室为休息及安睡之用，要求具有令人感觉轻松、能松弛紧张情绪的气氛，但对不同性格者可有差异。对于喜欢宁静者，只需少许观叶植物，体态宜轻盈、纤细，如吊兰、文竹、波士顿蕨等。选择应时花卉也不宜花色鲜艳，可选非洲紫罗兰等。角隅可布置巴西铁树、袖珍椰子等。对性格活泼开朗、充满青春活力者，除观叶植物外，还可增加些花色艳丽的火鹤花、天竺葵、仙客来等盆花，但不宜选择大型或浓香的植物。儿童居室要特别注意安全性。以小型观叶植物为主，并可根据儿童好奇心强的特点，选择一些有趣的植物，如三色堇、荷包花、变叶木、捕虫草、含羞草等，再配上有一定动物造型的容器，既利于儿童思维能力的启迪，又可使环境增添欢乐的气氛。

④书房。

作为研读、著述的书房，应创造清静雅致的气氛，以利聚精会神钻研攻读。室内布置宜简洁大方，用棕榈科等观叶植物较好。书架上可置垂蔓植物，案头上放置小型观叶植物，外套竹制容器，倍增书房雅致气氛。可选凤尾竹等。

⑤楼梯。

每座建筑都有楼梯，常形成一些阴暗、不舒服的死角。配置植物既可遮住死角，又可增添美化的气氛。一些大型宾馆、饭店，为提高环境质量，对楼梯部分的植物配置极为重视。较宽的楼梯，每隔数级置一盆花或观叶植物；在宽阔的转角平台上，可配置些较大型的植物，如橡皮树、龟背竹、龙血树、棕竹等。扶手的栏杆也可用蔓性的常春藤、薜荔、绿宝石、菱叶白粉藤等，任其缠绕，使周围环境的自然气氛倍增。

（四）城市道路的植物配置

城市道路的植物配置首先要服从交通安全的需要，能有效地协助组织车流、人流的集散。同时也起到改善城市生态环境及美化的作用。现代化城市中除必备的人行道、慢车道、快车道、立交桥、高速公路外，有时还有林荫道、滨河路、滨海路等。由这些道路的植物配置，组成了车行道分隔绿带、行道树绿带、人行道绿带等。

1. 高速公路及立交桥的植物配置

公路忌讳长距离笔直的线路，以免使驾驶员感到单调而易疲劳，在保证交通安全的前提下，公路线路的平面设计宜曲折流畅，左转右拐时，前方时时出现优美的景观，达到车移景异的效果。公路两旁的植物配置在有条件的情况下喜欢配置宽 20 m 以上乔、灌、草复层混交的绿带，认为这种绿带具有自然保护的意义，至少可以成为当地野生动、植物最好的庇护所。树种视土壤条件而定。在酸性土上常用桦木、花楸等种类，有花有果，秋色迷人。另外也有用单纯的乔木植在大片草地上，管理容易，费用不大。在坡度较大处，大片草地易遭雨水冲刷破坏，改植大片平枝栒子，匍匐地面，一到秋季，红果红叶构成大片火红的色块，非常壮观。因此驾车在高速公路上，欣赏着前方不断变换的景色，实在是一种美好的享受。

高速公路及一般公路立体交叉处的植物配置。在弯道外侧常植数行乔木，以利引导行车方向，使驾驶员有安全感。在两条道交会到一条道上的交接处及中央隔离带上，只能种植低矮的灌木及草坪，便于驾驶员看清周围行车，减少交通事故。立体交叉较大的面积，可按街心花园进行植物配置。

2. 车行道分隔绿带

车行道分隔绿带指车行道之间的绿带。具有快、慢车道共三块路面者有两条分隔绿带；具有上、下行车道两块路面者有一条分隔绿带。绿带的宽度国内外很不一致。窄者仅1 m，宽可10 m余。在分隔绿带上的植物配置除考虑到增添街景外，首先要满足交通安全的要求，不能妨碍司机及行人的视线。一般窄的分隔绿带上仅种低矮的灌木及草皮，或枝下高较高的乔木。如日本大阪选择低矮的石楠，春、秋二季叶色红艳，低矮、修剪整齐的杜鹃花篱，早春开花如火如荼，衬在嫩绿的草坪上，既不妨碍视线，又增添景色。随着宽度的增加，分隔绿带上的植物配置形式多样，可规则式，也可自然式。最简单的规则式配置为等距离的一层乔木。也可在乔木下配置耐阴的灌木及草坪。自然式的植物配置则极为丰富。利用植物不同的树姿、线条、色彩，将常绿、落叶的乔、灌木，花卉及草坪配置成高低错落、层次参差的树丛，树冠饱满或色彩艳丽的孤立树，花地，岩石小品等各种植物景观，以达到四季有景、富于变化的效果。

在暖温带、温带地区，冬天寒冷，为增添街景色彩，可多选用些常绿乔木，如雪松、华山松、白皮松、油松、樟子松、云杉、桧柏、杜松。地面可用沙地柏、匍地柏及耐阴的藤本地被植物地锦、五叶地锦、扶芳藤、金银花等。为增加层次，可选用耐阴的丁香、珍珠梅、金银木、连翘、天目琼花、海仙花、枸杞等作为下木。北方宿根、球根花卉资源丰富，气候凉爽，生长茁壮。鸢尾类、百合类、萱草、地被菊、金鸡菊、荷包牡丹、野棉花等，以及自播繁衍能力强的诸葛菜、孔雀草、波斯菊等可配置成缀花草地。还有很多双色叶树种如银白杨、新疆杨以及秋色叶树种如银杏、紫叶李、紫叶小檗、栾树、黄连木、黄栌、五角枫、红瑞木、火炬树等都可配置在分隔绿带上。

我国亚热带地区地域辽阔，城市集中，树种更为丰富，可配置出更为迷人的街景。落叶乔木如枫香、无患子、鹅掌楸等作为上层乔木，下面可配置常绿低矮的灌木及常绿草本地被。对于一些土质瘠薄、不宜种植乔木处，可配置草坪、花卉或抗性强的灌木，如平枝枸子、金老梅等。

无论何种植物配置形式，都须处理好交通与植物景观的关系。如在道路尽头、人行横道、车辆拐弯处不宜配置妨碍视线的乔灌木，只能种植草坪、花卉及低矮灌木。

3. 行道树绿带

行道树绿带是指车行道与人行道之间种植行道树的绿带。其功能主要为行人庇荫，同时美化街景。我国从南到北，夏季炎热，深知"大树底下好乘凉"。南京、武汉、重庆三大火炉城市都喜欢用冠大荫浓的悬铃木、小叶榕等。吐鲁番某些地段在人行道上搭起了葡萄棚。夏威夷喜欢用花大色艳的凤凰木、火烧花、大花紫薇等，树冠下为蕨类地被，一派热带风光。青海西宁用落叶松及宿根花卉地被，呈现温带、高山景观。目前行道树的配置已逐渐向乔、灌、草复层混交发展，大大提高了环境效益。但应注意的是，在较窄的、没有车行道分隔绿带的道路两旁的行道树下，不宜配置较高的常绿灌木或小乔木，一旦高空树冠郁闭，汽车尾气扩散不掉，会使道路空间变成一条废气污染严重的"绿色烟筒"。行道树绿带的立地条件是城市中最差的。由于土地面积受到限制，故绿带宽度往往很窄，常在 1~1.5 m。行道树上方常与各种架空电线产生矛盾，地下又有各种电缆、上下水管、煤气、热力管道，真可谓"天罗地网"。更由于土质差，人流践踏频繁，故根系不深，容易造成风倒。种植时，在行道树四周常设置树池，以便养护管理及少被践踏，在有条件的情况下，可在树池内盖上用铸铁或钢筋混凝土制作的树池箅子。除了尽量避开"天罗地网"外，应选择耐修剪、抗瘠薄、根系较浅的行道树种。

4. 人行道绿带

人行道绿带指车行道边缘至建筑红线之间的绿化带，包括行道树绿带、步行道绿带及建筑基础绿带。此绿带既起到与嘈杂的车行道的分隔作用，也为行人提供安静、优美、庇荫的环境。由于绿带宽度不一，因此，植物配置各异。基础绿带国内常见用地锦等藤本植物作墙面垂直绿化，用直立的桧柏、珊瑚树或女贞等植于墙前作为分隔。如绿带宽些，则以此绿色屏障作为背景，前面配置花灌木、宿根花卉及草坪，但在外缘常用绿篱分隔，以防行人践踏破坏。国外极为注意基础绿带，尤其是一些夏日气候凉爽、无须行道树庇荫的城市，则以各式各样的基础栽植来构成街景。

墙面上除有藤本植物外，在墙上还挂上栽有很多应时花卉的花篮，外窗台上长方形的塑料盒中栽满鲜花，墙基配置多种矮生、匍地的裸子植物，或平枝栒子、阴绣球以及宿根、球根花卉，甚至还有配置成微型的岩石园。绿带宽度超过 10 m 的，可用规则的林带式配置或配置成花园林荫道。

(五) 园路的园林植物配置

1. 主路

主路指以园林入口通往全园各景区的中心、各主要广场建筑、主要景点及管理区的路。因园林功能及景观需要，道路两旁应充分绿化，形成树木交冠的庇荫效果，对平坦笔直的路常采用规则式配置，便于设置对景，构成一点透视。对曲折的路则宜自然式配置，使之疏密有致，利用道路的曲折、树干的姿态、树冠的高度将远景拉至道路上来。单个树种配置要按某一树种的特性营造具有个性的园林绿化风格，表现某一季节的特色。两个树种的配置利用在形态色彩等方面变化的差异，或高大低矮错落，或针叶阔叶对比，产生丰富生动、相映成趣的艺术效果。多个树种的配置则不同路段配以不同树种，使之丰富变化，但不宜过杂，要在丰富多彩中保持统一和谐。

2. 径路

径路是指主路的辅助道路。可运用丰富多彩的植物产生不同趣味的园林意境，常用的径路有山道、竹径、花径。在人流稀少幽静的自然环境中，园路配树姿自然、体形高大的树种；山道在林间穿过，宁静幽深，极富山林之趣；花径是在一定的道路空间里，全部以花的姿色营造气氛，鲜花簇拥，艳丽强烈。

3. 小路

小路主要供散步、休憩、引人深入。在人造的山石园林中常有石级坡道，饰以灌木等低矮植物，增加趣味。对园路的主要部位能起到界定范围、标志园路的重要作用。

（六）园林小品与园林植物的配置

1. 花架与园林植物配置

花架对藤本植物的生长起到支撑作用，是将植物与建筑进行有机结合的造景素材。花架可以设置在亭、门、廊处供休息之用，还可以对空间进行划分。同时也可以给攀缘植物提供生长条件，通过植物的枝叶将自然生态之美展现给人们。花架是立体绿化生态形式，如果能够合理地配置植物，就会成为人们夏季庇荫的场所。可以在花架上生长的植物有很多，但是它们的生长方式不同，所以在对其进行配置时，要综合考虑花架的具体形态、光照环境、花架大小、土壤质量等因素。

2. 园林中的凳、椅与园林植物配置

园林设计中一定不能缺少园凳与园椅，它们可以为游人提供休息的场所，同时还可以对风景进行点缀。在对植物进行配置时应保证夏天能够遮挡阳光，冬天能够使阳光直射，不会撞击大树，又不践踏根部土，因此可以将园椅和园凳设置成多边形或圆形的，有机地将植物、座椅与花架进行结合，体现出生态优美的景观特点。

3. 园墙、漏窗与园林植物配置

园墙的主要功能就是分隔空间，将丰富的景观有层次地展现在游客面前，指引游客进行游览。园墙和植物进行配置时，就是将墙面用攀缘植物进行搭配，植物攀缘或是垂挂在墙面上，不但可以将生硬的墙面遮挡住，还可以向人们展现植物的生态美感，增添自然气氛。在园墙设置过程中经常应用到的攀缘与垂挂的植物有木香、金银花、迎春等。墙面的

另一种绿化形式是还可以在前墙种植树木，使树木的光影投在墙上，这样植物就可以以墙为纸画出形态各异的景观图。

4. 园林雕塑与园林植物配置

园林雕塑小品不但具有较强的观赏价值，还具有深刻的寓意，其题材种类不限，体形大小均可，形象抽象、具体都可以，可以表达自然的主题，也可以表达浪漫的主题，其艺术感染力非常强，有助于在园林艺术设计时体现园林主题。精美的雕塑小品在一定程度上又是园林局部环境的中心。在对园林雕塑小品与植物进行配置时，必须重视渲染环境气氛和背景的处理，经常采用的处理方法有：浅色雕塑应用浓绿植物作背景，针对每种雕塑主题采取相应的种植方法，例如，可以在纪念碑周边围上绿篱，还可以设置花坛，最适宜的就是种植常绿树。而对于主题较为灵活的雕塑小品，种植的方式不应该死板，种植的树姿、色彩、树形等宜采用自由的种植形式。

第六章　城市居住区及单位附属绿地景观规划设计

第一节　日照、通风、噪声与建筑组群设计

一、居住区的日照

（一）日照标准

住宅建筑的日照标准，包括日照时间和日照质量。日照时间是以该建筑物在规定的某段时间受到的日照时数为计算标准的。日照质量则是指每小时室内地面和墙面阳光投射面积累积阳光中紫外线的效用。不同纬度的地区，对日照要求不同，高纬度地区更需长时间日照。不同季节，住宅建筑的要求也不尽相同，冬季要求较高，所以日照时间一般以冬至日或大寒日的有效日照时间为准。

（二）日照间距

住宅群体组合中，为保证每户都能获得规定的日照时间和日照质量而要求住宅与长轴外墙保持一定的距离，即为日照间距。

在行列式排列的条式住宅群中，应保持合理的日照间距。这一间距可用图解法或计算法。单纯地按日照间距南北向行列式排列住宅群，仅仅考虑了太阳的高度角，却忽略了方位角关系，影响了布局的多样化。不同的方位角，对住宅正面间距有不同的折减系数，利用太阳方位角的变化，在住宅组群的设计中可采取灵活多样的方式，在提高日照的同时，亦能起到丰富空间环境的作用。一般可采取的方式有：错开布局、点条结合、成角度适当运用东西向住宅。

东是最佳的日照角度，南偏东的住宅朝向往往较正南北向住宅具有更佳的日照质量。东西向住宅有其自身明显的缺陷，尤其在南方，夏季西晒十分厉害。但从另一方面来说，东西向住宅在冬季可两面受阳，而南北向住宅中北向的居室却是终年不见阳光。并且，东西向住宅不但可增加建房面积，还可扩大南北向住宅的间距，形成庭院式的室外空间。需

要指出的是，东西向住宅与南北向住宅拼接时，必须考虑两者接受日照的程度和相互遮挡的关系。

（三）室外活动场地的日照

居住区的日照要求不仅仅局限于居室内部，户外活动场地的日照也同样重要。在住宅组群布置中，不可能在每幢住宅之间留出日照标准以外不受遮挡的开阔场地，但可在一组住宅里开辟一定面积的空间，让居民户外活动时能获得更多的日照，保证户外活动的质量。如在行列式布置的住宅组群里去掉一幢住宅的 1~2 个单元，就能为居民提供更多日照的活动场地。尤其在托儿所、幼儿园等公共建筑的前面应有更为开阔的场地，以获得更多的日照。通常，这类建筑在冬至日的满窗日照应不少于 3 小时。

二、居住区的自然通风

我国地处北温带，南北气候差异较大，炎热地区夏季要加强住宅的自然通风，潮湿地区良好的自然通风可以使空气干燥，寒冷地区则存在着冬季住宅防风、防寒的问题。因此，通过精心的建筑组群布局设计，适当地组织自然通风，是为居民创造良好居住环境的措施之一。

自然通风是借助于风压或热压的作用使空气流动，使室内外空气得以交换。在一般情况下，这两种压差同时存在，而风压差则往往是主要风源。

建筑组群的自然通风与建筑的间距大小、排列方式以及通风的方向（即风向对组群入射角的大小）有关。建筑间距越大，后排住宅受到的风压越强，自然通风效果越好。但为了节约用地，不可能也不应该盲目增大建筑间距。因此，应将住宅朝向夏季主导风向，并保持有利的风向入射角。一般在满足日照要求下，就能照顾到通风的需要。

三、居住区的噪声防治

（一）城市交通噪声

这是城市居住区中危害最大、数量最多的噪声源。城市交通噪声的强度由交通流量的大小、交通速度、交通工具的特点和驾驶行为所决定。

交通噪声的主要来源是居住区周围的城市道路，临街住户受交通噪声干扰程度最深。与此同时，随着交通工具的迅速发展，摩托车、小汽车逐步进入家庭，也成为居住区的一类噪声源。

对居住区内部交通噪声的防治，主要是有效地控制机动车随意进入居住区内部，特别要注意防止城市交通穿越小区内部。控制交通流量是减少内部交通噪声的关键。

对居住区的外部交通噪声，主要是防止机动车交通带来的噪声。对于外部交通而言，只能采取相应的措施将噪声隔离开来，以减少其对居住区的干扰。可采取的方法有：

1. 设置绿化带

设置绿化带既能隔声，又能防尘、美化环境、调节气候。

2. 设置沿街公共建筑

利用噪声的传播特点，在住宅组群设计时，将对噪声限制要求不同的公共建筑布置在临街靠近噪声源的一侧，对区内的住宅能起到较好的隔声效果。同时，亦可将住宅中辅助房间或外廊朝向道路或噪声源一侧，以此减少噪声对居民的干扰。

3. 合理利用地形

在住宅组群的规划设计中，利用地形的高低起伏作为阻止噪声传播的天然屏障，特别是在工矿区或山地城市，应充分利用天然或人工地形条件，隔绝噪声对住宅的影响。

（二）生活噪声

对比交通噪声而言，生活噪声对居住环境产生的影响较小，但仍要注意加以防治。防治的方法可分为3类。

1. 商业噪声的防治

居住区或小区的商业中心及集贸市场，是人流密集、喧闹的公共场所，它们的存在为居住区、小区居民生活提供了极大的方便。然而，熙熙攘攘的人群声、叫卖声，对居住环境产生较大的噪声干扰。所以，在居住区规划的商业布局中，必须处理好动静分区和交通组织两方面的问题。

动静分区是指在布局商业建筑时，不仅要考虑居民的使用方便，也要注意不宜将其布置得过于深入住宅内部。同时，临街的商铺又能为街上过往行人购物提供方便。并且，规划时将南面商铺退后，留出场地设置农贸摊位。商店与农贸市场间留出步行空间，为居民创造了一个方便、舒适的购物环境。这一动态环境与小区内部的安静区域有明确的领域划分，较好地避免了商业噪声的干扰。

交通组织主要是合理地安排购物人流、穿越人流与内部货运三者之间的关系，使它们各行其道，互不交叉，以避免由于交通拥挤阻塞导致的嘈杂声。某某小区在规划中将商业网点设在沿街位置，与内部居住区分开。集贸市场在南面，虽引入了小区，但因规划了一条步行街，且在步行街和住宅之间还设有绿化隔离带，这样的交通组织和环境设计对减少噪声对居民的干扰是十分有利的。

2. 保育教育设施噪声

一般，保育教育设施多布置在居住区或小区的中部，以便利学生和学龄前儿童就近上学入托。如果这些设施与住宅过于接近，学校喧闹的特点必然影响附近居民的休息。控制这类噪声源，应使其与住宅保持一定的距离。可采取的方式有：将中小学的操场靠近路边布置，教学楼则放在里面；学校出入口宜开向小区主路，便于疏散，也避免学生穿越于住宅院内；还可充分利用天然的地形屏障、绿化带来削弱噪声的传播，降低影响住宅的噪声级。

第二节　空间环境与建筑组群设计

一、建筑组群的空间特性

（一）视距与建筑物高度的比例

空间感的产生一般由空间中人和建筑物的距离与建筑物外立面墙的高度的比例关系所决定。当人的视距与建筑物高度的比例为 1：1，即视角为 45°时，构成全封闭状态的空间；当视距与建筑物高度比为 2：1 时，构成半封闭状态的空间；当视距与建筑物高度比为 3：1 时，构成封闭感最小的空间；当这一比例达 4：1 时，封闭感将完全消失。

视距与建筑物高度的比例关系还会影响空间的情感和使用。当视距与建筑物高度的比值为 1~3 时，空间最具私密性；比值为 6 以上时，空间的开敞性最强；当视距与建筑物高度的比值小于 1 时，人在这种空间中犹如身居深井之中。一般，最理想的视距与建筑物之比为 2：1。

（二）建筑组群的平面布局

建筑组群的平面布局形式对空间的构成有十分重要的影响。当建筑物完全围合时，空间出现最强的封闭感。如果空间封闭存在空隙，视线可以外泄，因此空间空隙越多，封闭感就越弱。若围绕空间的建筑物重叠，或者利用地形、植物材料及其他阻挡视线的屏障等，就可消除或减小空间的缝隙。若建筑物以直线排列，或布局的位置零散，使建筑物外部空间几乎无界限，将会产生既无封闭感又无视线焦点的负空间。

二、建筑组群空间的构成及类型

(一) 建筑组群空间的构成

建筑组群构成的空间虽然千变万化，但基本上是由实体围合和实体占领两种方式构成的。由于居住区是一个密集型的聚居环境，目前以多层住宅为主的居住区，其空间大都由围合所形成。此类空间使人产生内向、内聚的心理感觉。高层低密度住宅区是一种由实体占领形成的空间，它则使人产生扩散、外射的心理感觉。

无论是何种空间构成的方式，关键在于如何组织空间。如若处理不当会缺乏空间特性，或使用不便，或使用效果不佳，或成为"沙漠空间"。简言之，居住区建筑组群空间的构成，关键在于使空间符合居民在组群内活动的特性。

(二) 建筑组群空间的类型

建筑组群构成的空间类型与形式随环境条件而变化，基本的空间类型有：

1. 开敞空间

这是一种具有自聚性的、内向性的由建筑物围合而成的空间。它犹如"磁铁"一般，吸引着人们在此聚集和活动，居民在这样的空间内活动，受外界影响较小。若希望得到最强封闭感的空间，则须使视线不易透过，或将空间空隙减小到最低限度。当一个中心开敞空间的各个角落张开，相邻两建筑物呈90°角时，空间的视线和围合感就会从敞开的角落溢出，如果建筑为转角式，则弯曲的转角会使视线滞留在空间内，从而增强空间的围合感。同时，为增加开敞空间的"空旷度"，突出空间的特性，切勿将树木或其他景物布置在空间中心，而应置于空间的边缘，以免产生阻塞。

2. 定向开放空间

这是一种具有极强方向性的空间，由建筑组群三面围合、一面开敞构成，此种空间有利于借用外界优美的景观。

3. 直线型空间

直线型空间呈长条、狭窄状，在一端或两端开口。这种空间，沿两侧不宜放置景物，可将人们的注意力引向地面标志上，或引向一座雕塑、一座有特色的建筑物上。

4. 组合型空间

组合型空间是由建筑物构成的带状空间。这种空间起承转合，各串联的空间时隐时现。在这种空间中，行人随着空间的方向、大小等变化，视野中景物不断变化，其空间效果犹如造园艺术的"步移景异"。

三、建筑组群空间的划分与层次

（一）公共空间

公共空间是供给居住区所有居民共同使用的场所。这类空间包括道路广场、中心公园、文化活动中心、商业中心等，是居住区（小区）居民的共享空间。

（二）半公共空间

半公共空间指具有一定限度的公共空间，是属于多幢住宅居民共同拥有的空间。这类空间是邻里交往、游憩的主要场所，也是防灾避难和疏散的有效空间。规划设计时，须使空间有一定的围蔽性，车流与人流不能随意穿行，使居民有安全感。

（三）半私密空间

半私密空间是私密空间渗透入公共空间的部分，属于几幢住宅居民共用的空间领域，供特定的几幢住宅居民共同使用和管理。这类空间常常成为幼儿活动的场所。同时，又由于这类空间是居民离家最近的户外场所，是室内空间的延续，因此，它是居民由家庭向城市空间的过渡，是联结家与城市和自然的纽带。

（四）私密空间

私密空间是属于住户或私人所有的空间，不容他人侵犯，空间的封闭性、领域性极强，一般指住宅底层庭院、楼层的阳台与室外露台。

居住区建筑组群设计，按功能划分为有层次的空间，使居民各取所需，在各个空间各得其所，互相交往但不受干扰，取得安静、和谐的居住氛围。

然而目前，仍然有许多居住区的每一幢住宅或数幢住宅的从属区域、空间都不是很清楚，整个居住区的规划设计极少考虑到必要性活动、自发性活动、社会性活动发生的地点及条件。这样的规划方案中，含混不清的物质结构本身就是对居民户外各类生活活动的一种有形的障碍。

规划应注意有机地划分居住区的建筑群体，使大而含混不清的区域按照居民的活动特性，明确而清晰地分成相对较小的空间和单元，这种划分是通过设计三种或四种有秩序的空间及层次来完成的。这些空间明确地属于居住区（小区），属于某几幢住宅，属于某幢住宅，或属于某一单元。这样，住宅附近的区域就具有了明确的划分。根据实际情况，居住区的空间结构可按四级或三级设置。四级结构为：私密空间—半私密空间—半公共空间—公共空间；三级结构为：私密空间—半公共空间（或半私密空间）—公共空间。

从居民的活动要求、居住安全、组织管理及保持居住环境的宁静出发，建议将居住区的半私密空间、半公共空间围成半开敞的或有一定封闭性的院落空间，使空间具有其疆界和增强空间的领域性，以便邻里交往、大人照看小孩、减少干扰等。公共空间应将中心绿地、文化中心、老年人活动室、青少年活动中心、商业服务中心、道路广场等合理设置，与各半公共空间、半私密空间有机相连，形成一个统一的整体。

四、建筑组群空间的领域性和安全性

（一）领域性

在居住环境中，领域空间是有一定功能的，它是居民进行交往和活动的主要场所。人离不开社会，须要参加社会文化活动和社会交往，这是人们精神上和心理上必不可少的需求。领域空间能加强居民的安全感，提高住宅的防卫能力，领域空间还可保证居民不同层次的私密性要求。不同层次的领域空间有不同的私密性要求，具有能吸引居民在其中进行活动的必要条件。

一般，居民对空间领域的领有意识具有一定的层次性。对距离自身越近的区域范围，居民对其空间的领有意识越强烈，越远则越淡薄。按照由内到外、由强到弱、由私有到公共的秩序，居民对空间的领有意识相应地可划分为私有领有、半私有领有、半公共领有、公共领有四个层次。居民在行为上通常是自觉不自觉、直接或间接地按照空间领有意识的层次来使用户外空间的，对各层次的领有空间的使用是根据活动的类型及性质来选择的。

总之，根据空间领域的层次而建立的一种社会结构，以及相应的有一定空间层次的居住区形态，形成了从小组团与小空间到大组团与大空间，从较私密的空间逐步到具有较强公共性的空间，最后到具有更强公共性的空间过渡，从而能在私密性很强的住宅之外，形成一个更强的安全感和更强的从属于这一区域的空间。如果每位居民都把这种区域范围视为住宅和居住环境的有机组成部分，那么它就扩大了实际的住宅范围，这样就会造就对领有空间的更多使用和关怀，从而促使更多的、更有益的社会性活动的发生。

（二）安全性

美国著名社会心理学家马斯洛（Abraham H. Maslow）的"需求层次论"告诉人们，居民对安全的需求仅次于空气、阳光、吃饭、睡觉等基本生理需求，是人类求得生存的第二位基本需要，安全防卫问题牵动着千家万户的心，时刻影响着居民的生活与工作。居住区的安全性是评价居住环境的一个重要指标，合理的建筑组群设计能为安全性的创造提供有利的条件。

新建居住区的盗窃案件作案率高于旧居住区，新建区中高层住宅的作案率又高于低层住宅；环境差的居住区的作案率高于环境好的居住区。由此可见，罪犯不会盲目地选择作案对象，易于犯罪的居住环境必然具备一些显而易见的特征。在新建的居住区中，居民来自四面八方，旧有的邻里关系被打散了，新的邻里关系一时又不能建立起来，在邻里不熟识的情况下，罪犯作案不易引起周围邻居的警觉；在高层住宅区，居民互相接近少、关心少；在环境差的空间里，人们不愿在室外停留，缺乏邻里交往的场所，居民很难互相照顾，这些都为罪犯作案后逃窜提供了条件。

如何提高居住区的安全防卫能力呢？重要的是建筑组群的规划要创造必要的防卫条件。首先是密切邻里关系，建立社区的群体认同。我国传统的大院住宅，如北京的四合院、上海的里弄式住宅，就是按照"可防卫空间"建造的。由于它们利用了居民潜在的领域性和领有意识、社区感，使罪犯觉察到这个空间是被它的居住者们所控制和拥有的，因此犯罪率很低。

由建筑组群形成的领域性空间，能造就居民对其空间实实在在的控制和领有：一方面，在本能上，居住者对陌生人闯入其领有空间是很警觉的，自然或不自然地监视闯入者的行动；另一方面，对不属于这一领有空间的陌生人来说，总是具有望而却步之感。

因而，在建筑组群设计中，我们应该建立起有一系列分级设置的户外空间。特别是在居住区各组团或组群内组成半公共的或半私密的、亲切的和熟悉的可防卫空间，密切邻里关系，使居民能更好地相互了解、相互熟悉关心，使陌生人不敢闯入。并且使住户认为户外空间是居民共同拥有和管理的，从而加强对外来人员的警觉和对公共空间、半公共空间、半私密空间，特别是对后两者的领有意识，加强居民的集体责任感。

第三节　居住区建筑组群设计方法

一、居住区建筑分类

居住环境中的建筑一般由住宅建筑和公共建筑两大类构成，是居住环境中重要的物质实体。

（一）住宅建筑的分类

居住区中常见住宅一般可分为低层住宅（1~3层）、多层住宅（4~6层）、中高层住宅（7~9 层）和高层住宅（10~13 层）。

1. 低层住宅

低层住宅又可分为独立式、并列式和联列式 3 种。每种类型的住宅每户都占有一块独立的住宅基地。基地的规模根据住宅类型、住宅标准和住宅形式的不同，一般在 250~500 m²。每户都有前院和后院，前院为生活性花园，通常面向景观和朝向较好的方向，并和生活步行道联系；后院为服务性院落，出口与车行道相连。独立式和并列式住宅每户可设车库。

（1）独立式花园住宅

独立式花园住宅拥有较大的基地，住宅四周可直接通风和采光，可布置车库。

（2）并列式花园住宅

并列式为两栋住宅并列建造，住宅有三面可直接通风和采光，可布置车库，基地较独立式小。

（3）联列式花园住宅

联列式为一栋栋住宅相互连接建造，占地规模最小，每栋住宅占的面宽为 6.5~13.5m 不等。

2. 多层住宅

以公共楼梯解决垂直交通，有时还须设置公共走道解决水平交通。它的用地较低层住宅省，造价比高层住宅经济，适用于一般的生活水平，是城市中大量建造的住宅类型。按平面类型分为梯间式、走廊式和点式。

（1）梯间式

每个单元以楼梯为中心布置住户，由楼梯平台直接进分户门，平面布置紧凑，公共交通面积少，户间干扰小，较安静，也能适应多种气候条件，因此它是一种采用比较普遍的类型。

（2）走廊式

沿着公共走廊布置住户，每层住户较多，楼梯利用率高，户间联系方便，但互相有干扰。

（3）点式

数户围绕一个楼梯枢纽布置的、单元独立建造的形式。特点是四面临空，可开窗的墙面多，有利于采光、通风。平面布置较为灵活，外部造型也较自由，易于与周围的原有环境相协调，常与条式住宅相结合，创造活泼的居住空间。

3. 高层住宅

高层住宅垂直交通以电梯为主、楼梯为辅，因其住户较多，而占地相对减少，符合当今节约土地的国策。在设计中，高层住宅往往占据城市中优良的地段，底层常扩大为裙房，作商业用途。

（1）组合单元式

组合单元式由若干完整的单元组合而成，其体形一般为板式。单元式平面一般比较紧凑，户间干扰小。平面形式既可以是整齐的，也可以是较复杂的，形成多种组合体形。

（2）走廊式

走廊式采用走廊作为电梯、楼梯与各个住户之间的联系媒介，其优点是可以提高电梯的服务率。

（3）独立单元式

独立单元式亦称塔式，由一个单元独立修建而成。以楼梯、电梯组成的交通中心为核心将多套住宅组织成一个单元式平面。为达到服务较多户数和体形的丰富多变，往往在平面上构成不同的轮廓。

（二）居住区公共建筑的分类

为满足居民日常生活、购物、教育、文化娱乐、游憩、社交活动等的需要，在居住环境中须设置相应的各种公共服务设施。

1. 居住区公共建筑的分级

居住区公共建筑一般分为居住区级、小区级、住宅组团级3级。

（1）居住区级公共建筑

多属于偶然性使用的，服务半径不大于800~1000 m。居住区级商业网点主要供应高档次的耐用消费品，并具有品种多、规模大的特点。它们适宜于集中布置，形成中心，并与文化娱乐设施放在一起。

（2）小区级公共建筑

一般是经常性使用的，服务半径不大于400~500 m。这类建筑包括粮店、储蓄所、小百货店、综合修理部、物资回收站等。小区级商店的销售商品应有针对性，商店规模不大，但要满足居民经常使用的需要。

（3）住宅组团级公共建筑

主要指居委会办公用房、会议室及其附设的生活服务设施，如自行车库。组团级公共建筑应只局限于为组团居民服务的性质，可以设一些小百货、小副食等商店，小缝纫铺或简易托儿班。

2. 居住区公共建筑的分类

居住区公共建筑，按居民使用频率和不同的性质，有不同的分类标准。

（1）公共建筑按居民使用频率分类

①经常性：托幼、小学、中学、文化活动站、粮油站、供煤（气）站、菜场、综合副食商店、早点（小吃）店、理发店、储蓄所、邮政所、存车处、居委会等，这些属小区级和组团级公共建筑。

②非经常性：医院、文化活动中心、饭店、自行车修理站、旅店、集贸市场、派出所等，这些属居住区级公共建筑。

（2）公共建筑按性质分类

①商业服务设施：是公共建筑中与居民生活关系最密切的基本设施。特点是项目内容多，性质庞杂，随着经济生活水平的提高，发展变化快。如粮店、菜市场、综合百货商店、储蓄所等。

②保育教育设施：是学龄前儿童接受保育、启蒙教育和学龄青少年接受基础教育的场所，属于社会福利机构。如托儿所、幼儿园、小学、普通中学等。

③文体娱乐设施：为充实和丰富居民的业余文化生活，提供活动交往场所，目的是满足居民高层次的精神需求，如文化馆、电影院、运动场等。

④医疗卫生设施：在居住区内具有基层的预防、保健和初级医疗性质，如门诊部；在居民委员会内设卫生站。

⑤公用设施：为居民提供水、暖、电、煤气等设施的站点，以及公共厕所、自行车库、垃圾站、公交场站等。

⑥行政管理设施：是城市中最基层的行政管理机构和社会组织。有街道办事处、居民委员会或里弄委员会、小区综合管理委员会，以及房管、绿化、市政公用等管理机构。

二、建筑组群设计的一般原则

居住区中建筑组群的设计，主要指住宅建筑的组群设计，其规划布局除满足日照、通风、噪声等功能要求外，要以创造居住区丰富的空间形态、实现居住区设计的多样化为原则。

（一）住宅建筑组群设计原则

第一，住宅建筑组群设计，既要有规律性，又要有恰当合理的变化。

第二，住宅建筑的布局、空间的组织，要有疏有密，布局合理，层次分明而清晰。

第三，住宅单体的组合、组群的布置，要有利于居住区整体景观的创造与组织。

（二）公共建筑的设置原则

1. 方便生活

方便生活即要求服务半径最短与活动路线最顺。特别是经营日常性使用的公共建筑，如杂货商店、副食店、幼儿园、托儿所、自行车库等的布置要能使居民在工作和家务劳动之余，以最短的时间和最近的距离完成日常必要性生活活动。

2. 有利于经营管理

公共建筑的规划设计应十分重视节约用地和节省投资，以最有效的面积满足使用的功能要求，发挥最大的效益。同时还必须考虑是否具备维持正常经营的条件。如小学规模一般以 18 人班和 24 人班为宜，规模太大管理有困难，小了要配套更多的教师和管理班子，不经济。

3. 美化环境

综合公共建筑的使用性质，为使用者提供良好的生活环境。如幼儿园要靠近公园绿地，空气、阳光和风景都好；商店宜设在人流集中的地方，有繁华热闹的气氛。

三、居住区建筑组群设计

（一）住宅组群的平面组合形式

1. 组团内

组团是居住区的物质构成细胞，也是居住区整体结构中的较小单位。组团内的住宅组群平面组合的基本形式有 3 种：行列式、周边式、点群式，此外还有混合式。

（1）行列式

条式单元住宅或联排式住宅按一定朝向和间距成排布置，使每户都能获得良好的日照和通风条件，也便于布置道路、管网，方便工业化施工。整齐的住宅排列在平面构图上有强烈的规律性，但形成的空间往往单调呆板。行列式排列又有平行排列、交错排列、不等长拼接、成组变向排列、扇形排列等几种方式。

（2）周边式

住宅沿街坊或院落周边布置，形成封闭或半封闭的内院空间，院内安静、安全、方便，有利于布置室外活动场地、小块公共绿地和小型公建等可供居民交往的场所，一般较适合于寒冷多风沙地区。周边式的布局方式可节约用地，提高居住建筑面积密度，但部分住宅朝向欠佳。周边式又可分为单周边、双周边等布局形式。

（3）点群式

点群式住宅布局包括低层独院式住宅、多层点式及高层塔式住宅布局。点式住宅自成组团或围绕住宅组团中心建筑、公共绿地、水面有规律地或自由布置，可丰富居住区建筑群体空间，形成居住区的个性特征。点式住宅布局灵活，能充分利用地形，但在寒冷地区因外墙太多而对节能不利。点群式布局有规则式与自由式两种组合方式。

（4）混合式

混合式是前述3种基本形态的结合或变形的组合形式。

2. 小区内

将若干住宅组团，配以相应的公共服务设施和场所即构成居住小区。有了好的住宅组团，而没有好的组合，仍不能成为良好的小区。小区内住宅组团的组合方式，有统一法、向心法、对比法等。

（1）统一法

统一法又有重复法与母题法两种方式。重复法指小区采用相同形式与尺度的组合空间重复设置，从而求得空间的统一和节奏感。重复组合是容易在组团之间布置公共绿地、公共服务设施，并从整体上容易组织空间层次。通常，一个小区可用一种或两种基本形式重复设置。

母题法则是指在小区空间各构成要素的组织中，以一定的母题形式或符号，形成主旋律，从而达到整体空间的协调统一。在母题的基础上，依地形、环境及其他因素做适当的变异。如瑞典巴罗巴格纳小区即是一个典型。

（2）向心法

即将小区的各组团和公共建筑围绕着某个中心（如小区公园、文化娱乐中心）来布局，使它们之间相互吸收而产生向心、内聚及相互间的连续性，从而达到空间的协调统一。如波兰华沙姆何钦小区。

（3）对比法

在空间组织中，任何一个组群的空间形态，常可采用与其他空间进行对比予以强化的设计手法。在空间环境设计中，除考虑自身尺度比例与变化外，还要考虑各空间之间的相互对比变化，它包括空间的大小、方向、色彩、形态、虚实、围合程度、气氛等对比。

（二）住宅组群空间的组合形式

在居住区的规划实践中，常用的住宅组群空间的组合方式有成组成团或成街成坊。

1. 成组成团

这种组合方式是由一定规模和数量的住宅成组成团地组合，构成居住区（小区）的基本组合单元。其规模受建筑层数、公建配置方式、地形条件等因素的影响，一般为 1000～2000 人，较大的可达 3000 人。住宅组团可由同一类型、同一层数或不同类型、不同层数的住宅组合而成。

2. 成街成坊

成街，是指住宅沿街组成带形的空间；成坊，是指住宅以街坊作为一个整体的布置方式。有时，在组群设计中，因不同条件限制，可既成街，又成坊。

(三) 居住区公共建筑的布置形式

根据公共建筑的性质、功能和居民的生活活动需求，居住区公共建筑的布局方式可分为分散式和集中式两种。

1. 分散式

一般，适宜于分散布置的公共建筑功能相对独立，对环境有一定的要求，如保育教育和医疗设施等；或为同居民生活关系密切，使用、联系频繁的基础生活设施，如居民委员会、自行车库、基层商业服务设施等。

2. 集中式

商品服务、文化娱乐及管理设施除方便居民使用外，宜相对集中布置，形成生活服务中心。

第四节　居住区绿地的分类设计

一、居住区绿地的规划设计原则

(一) 系统性

居住区绿地的规划设计必须将绿地的构成元素，结合周围建筑的功能特点、居民的行为心理需求和当地的文化艺术因素等综合考虑，形成一个具有整体性的系统，为居民创造幽静、优美的生活环境。

整体系统首先要从居住区规划的总体要求出发，反映自己的特色，然后要处理好绿化空间与建筑物的关系，使二者相辅相成，融为一体。绿化形成系统的重要手法就是"点、线、面"相结合，保持绿化空间的连续性，让居民随时随地生活、活动在绿化环境之中。

（二）可达性

居住区公共绿地，无论集中设置或分散设置，都必须选址于居民经常经过并能顺利到达的地方。北京富强西里中心绿地划分为三个部分，分列在小区主路两侧，与住宅组团紧密结合，相互交错，具有较强的可达性。杭州采荷小区的中心绿地与水系有机地组织起来，沿小区主路向纵深展开，绿地周围的住户均能就地享受。

为了增强对居民的吸引，便于随时自由地使用中心绿地，中心绿地周围不宜设置围墙。有些小区把中心绿地围起来，只留几个出入口，居民必须绕道进入，使得一部分居民不愿进去，这无疑降低了小区绿地的使用率。

（三）亲和性

居住区绿地，尤其是小区小游园，受居住区用地的限制，一般规模不可能太大，因此必须掌握好绿化和各项公共设施的尺度，以取得平易近人的感观效果。

当绿地有一面或几面开敞时，要在开敞面用绿化等设施加以围合，使游人免受外界视线和噪声的干扰。当绿地被建筑包围产生封闭感时，则宜采用"小中见大"的手法，造成一种软质空间，"模糊"绿地与建筑的边界，同时防止在这样的绿地内放入体量过大的建筑物或尺度不适宜的小品。

（四）实用性

在我国传统住宅中，天井、院落、庭院都是无顶的共享空间，供人休息、交往，亦可作集会、宴宾之用，室内外功能浑然一体，总体上灵活多变，颇具亦此亦彼的中介性。绿地规划应区分游戏、晨练、休息与交往的区域，或做类似的提示，充分利用绿化，而不是仅以绿化为目的。

此外，居住区绿地的植物配置，也必须从实际使用和经济功能出发，名贵树种尽量少用，以结合当地气候特点的乡土树种为主。按照功能需要，座椅、庭院灯、垃圾箱、休息亭等小品也应妥善设置，不宜滥建昂贵的观赏性的建筑物或构筑物。

二、居住区公共绿地的规划设计

（一）居住区公共绿地的形式

从总体布局来说，居住区公共绿地按造园形式一般可分为规则式、自然式、混合式3种。

1. 规则式也称整形式、对称式

这种形式的绿地，通常采用几何图形布置方式，有明显的轴线，从整个平面布局、立体造型到建筑、广场、道路、水面、花草树木的种植上都要求严整对称。在主要干道的交叉处和观赏视线的集中处，常设立喷水池、雕塑，或摆放盆花、盆树等。绿地中的花卉布置也多以立体花坛、模纹花坛的形式出现。

规则式绿地具有庄重、整齐的效果，但在面积不大的绿地内采用这种形式，往往使景观一览无余，缺乏活泼、自然感。

2. 自然式又称风景式、不规则式

自然式绿地以模仿自然为主，不要求严整对称，其特点是道路分布、草坪、花木、山石、流水等都采用自然的形式布置，尽量适应自然规律，浓缩自然的美景于有限的空间之中。在树木、花草的配置方面，常与自然地形、人工山丘、自然水面融为一体。水体多以池沼的形式出现，驳岸以自然山石堆砌或呈自然倾斜坡度。路旁的树木布局也随其道路自然起伏蜿蜒。

自然式绿地景观自由、活泼，富有诗情画意，易创造出别致的景观环境，给人以幽静的感受。居住区公共绿地普遍采用这种形式，在有限的面积中，能取得理想的景观效果。

3. 混合式

混合式绿地是规则式与自然式相结合的产物，它根据地形和位置的特点，灵活布局，既能和周围建筑相协调，又能兼顾绿地的空间艺术效果，在整体布局上，产生一种韵律和节奏感，是居住区绿地较好的一种布局手法。按绿地对居民的使用功能分类，其布置形式又可分为开放式、半开放式与封闭式3种。

（1）开放式

也称为开敞式，多采用自然式布置。这类绿地一般地面铺装、设施较好。开放式绿地可供居民入其内游憩、观赏，游人可自由与之亲近。居住区中这类绿地通常受到居民的欢迎，也被居住区所普遍采用。

（2）半开放式

也可称为半封闭式。绿地周围有游园步道，居民可进入其中。绿地中设有花坛、封闭树丛等，多采用规则式布置。

（3）封闭式

一般这种形式的绿地，居民不能入内活动，好处是便于管理，缺点是游人的活动面积少，对居民而言缺乏应有的亲和力和可进入性，使用效果差，居住区公共绿地设计中应避免这种形式的绿地出现。

（二）居住区公共绿地的设计方法

1. 居住区公园

居住区公园是居住区绿地中规模最大、服务范围最广的中心绿地，为整个居民区居民提供交往、游憩的绿化空间。其面积不宜少于 1.0 hm²，服务半径不宜超 800~1000 m，即控制居民的步行时距在 8~15 分钟。

居住区公园规划设计，应以"四个满足"为重要设计依据，即满足功能要求——根据居民各种活动的要求布置休息、文化、娱乐、体育锻炼、儿童游戏及人际交往等各种活动的场地与设施；满足游览需要——公园空间的构建与园路规划应结合组景，园路既是交通的需要，又是游览观赏的线路；满足风景审美的要求——以景取胜，注意意境的创造，充分利用地形、水体、植物及人工建筑物塑造景观，组成具有魅力的景色；满足美化环境的需要——多种植树木、花卉、草地，改善居住区的自然环境和小气候。

居住区公园设计要求有明确的功能划分，其主要功能分区有休息漫步游览区、游乐区、运动健身区、儿童游乐区、服务网点与管理区几大部分。

2. 小游园

小游园是小区内的中心绿地，供小区内居民使用。小游园用地规模根据其功能要求来确定，用集中与分散相结合的方式，使小游园面积占小区全部绿地面积的一半左右为宜。小游园的服务半径为 300~500 m，居民步行 5~8 分钟即可到达。小游园的服务对象以老年人和青少年为主，为他们提供休息、观赏、游玩、交往及文娱活动的场所。

小游园的规划设计，应与小区总体规划密切配合，综合考虑，全面安排，并使小游园能妥善地与周围城市园林绿地衔接，尤其要注意小游园与道路绿化的衔接。小游园的规划设计要符合功能需求，尽量利用和保留原有的自然地形和原有植物。在布局上，小游园宜做一定的功能划分，根据游人不同年龄的特征，划分活动场地和确定活动内容，场地之间要分隔，布局既要紧凑又要避免相互干扰。

小游园中儿童游戏场地的位置一般设在入口处或稍靠近边缘的独立地段上，便于儿童前往与家长照看。青少年活动场地宜在小游园的深处或靠近边缘独立设置，避免对住户造成干扰。成人、老人休息活动场地，可单独设置，也可靠近儿童游戏场地，亦可利用小广场或扩大的园路，在高大的树荫下多设些座椅、坐凳，便于他们聊天、看报。

在位置选择上，小游园应尽可能方便附近居民的使用，并注意充分利用原有的绿化基础，尽量使小区公共活动中心结合起来布置，形成一个完整的居民生活中心。

在规模较小的小区中，小游园常设在小区一侧沿街布置。这种布置形式是将绿化空间从小区引向"外向"空间，与城市街道绿化相似，其优点是：既能为小区居民服务，也可向城市市民开放，利用率较高；由于其位置沿街，不仅为居民游憩所用，还能美化城市、丰富街道的景观；沿街布置绿地，亦可分隔居住建筑与城市道路，阻滞尘埃，降低噪声，防风，调节温度、湿度等，有利于居住区小气候的改善。

另一种布置形式是将小游园布置在小区中心，使其成为"内向"绿化空间。其优点是：小游园小区各个方向的服务距离均匀，便于居民使用；小游园居于小区中心，在建筑群环抱之中，形成的空间环境比较安静，较少受到外界人流、交通的影响，能增强居民的领域感和安全感；小游园的绿化空间与四周的建筑群产生明显的"虚"与"实"、"软"与"硬"的对比，使小区空间有疏有密，层次丰富而富有变化。新乡市曙光居住小区，小游园布置在小区的几何中心，结合高层、低层住宅设集中的面积较大的小区中心绿地，居民进出住宅区均经过这片开阔的、高、多、低层住宅相结合的空间环境，取得良好的视觉景观效果。

3. 组团绿地

组团绿地是结合居住建筑组团的不同结合而形成的又一级公共绿地，随着组团的布置方式和布局手法的变化，其大小、位置和形状也相应变化。组团绿地通常面积大于 0.04 hm^2，服务半径为 100 m 左右，居民步行 3~4 分钟即可到达。组团绿地规划形式与内容丰富多样，主要为本组团居民集体使用，为其提供户外活动、邻里交往、儿童游戏、老人聚集的良好条件。组团绿地距居民住宅较近，便于使用，居民茶余饭后即可来此活动，因此游人量较小区小游园更大，游人中大约有半数为老人、儿童或是携带儿童的家长。

组团绿地的位置选择不同，其使用效果也有区别，对住宅组团的环境效果影响也不尽相同。从组团绿地本身的效果来看，位于山墙间的和临街沿河的组团绿地使用和观景效果较好。

住宅组团绿地可布置幼儿游戏场地和老龄人休息场地，设置小沙地、游戏器械、座椅及凉亭等，在组团绿地中仍应以花草树木为主，使组团绿地适应居住区绿地功能需求。

三、宅旁绿地的规划设计

宅旁庭院绿地是居民在居住区中最常使用的休息场地，在居住区中分布最广，对居住环境质量影响最为明显。通常宅旁绿地在居住（小）区总用地中占 35% 左右的面积，比小区公共绿地多 2~3 倍，一般人均绿地可达 4~6 m^2。

宅旁绿地包括宅前、宅后、住宅之间及建筑本身的绿化用地。其设计应紧密结合住宅的类型及平面特点、建筑组合形式、宅前道路等因素进行布置，创造宜人的宅旁庭院绿地景观，区分公共与私人空间领域。

（一）宅旁绿地的类型

根据我国的国情，宅旁庭院绿地一般以花园型、庭院型为好。但也应考虑结合庭院绿化，为居民尽可能提供种植果树蔬菜的条件，设棚架、栏杆、围墙时考虑居民种植的需要，统一规划设计，使家庭园艺活动有利于居住区环境质量的提高，同时也适当满足居民业余园艺爱好的需要而设计一些绿化类型。

（二）宅旁绿地的特点

1. 多功能性

宅旁绿地与居民各种日常生活息息相关。居民在这里进行邻里交往，晾晒衣物，开展各种家务活动。老人、青少年以及婴幼儿在这里休息、游戏，这里是居民出入住宅的必经之路，可创造适宜居住的生活气息，促进人际关系的改善。

宅旁绿地结合居民家务活动，合理组织晾晒、存车等必要的设施，有利于提高居住环境的实用与美观的价值。宅旁绿地又是改善生态环境，为居民提供清新空气和优美、舒适居住条件的重要因素。能起到防风、防晒、降尘、减噪、调节温度与湿度、改善居住区小气候等作用。

2. 不同的领有性

领有性是宅旁绿地的占有与被使用的特性，领有性的强弱取决于使用者的占有程度和使用时间长短。根据不同的领有性，宅旁绿地大体可分为 3 种形态。

（1）私人领有

一般在底层，将宅前宅后用绿篱、花篱、栏杆等围隔成私有绿地，领域界限清楚，使用时间较长，可改善底层居民的生活条件。由于是独户专用，防卫功能较强。

（2）集体领有

宅旁小路外侧的绿地，多为住宅楼集体所有，使用时间不连续，也允许其他楼栋的居民使用，但不允许私人长期占用。一般多层单元式住宅将建筑前后的绿地完整地布置，组成公共活动的绿化空间。

（3）公共领有

指各级居住活动的中心地带，居民可自由进出，都有使用权，但是使用者常变更，具有短暂性。

不同的领有形态，居民所具有的领有意识也不尽相同。离家门越近的绿地，领有意识越强，反之越弱。要使绿地管理得好，在设计上要加强领有意识，使居民明确行为规范，建立正常的生活秩序。

3. 制约性

宅旁绿地的面积、形体、空间性质受地形、住宅间距、住宅组群形式等因素的制约。当住宅以行列式布局时，绿地为线形空间；当住宅为周边式布置时，绿地为围合空间；当住宅为散点式布置时，绿地为松散空间；当住宅为自由式布置时，绿地为舒展空间；当住宅为混合式布置时，绿地则为多样化空间。

（三）宅旁绿地的设计原则

宅旁绿地的设计，除结合居民的日常生活行为特征外，还要注意以下原则：

1. 要以绿化为主

以绿化保持居住环境的宁静，种植绿篱分隔庭院空间，绿篱的高度与宽度视功能要求而定，在由于周围建筑物密集而造成的阴影区，要选择和种植耐阴植物。

2. 美观、舒适

宅旁绿地设计要注意庭院的空间尺度，选择合适的树种，其形态、大小、高度、色彩、季相变化与庭院的规模、建筑的高度相称，使绿化与建筑互相衬托，形成完整的绿化空间。

3. 体现住宅标准化与环境多样化的统一

依据不同的建筑布局做出宅旁庭院的绿地设计，植物的配置满足居民的爱好与景观变化的要求，同时应尽力创造特色，使居民产生认同感及归属感。

（四）不同类型住宅的宅旁绿地设计

1. 低层独立式住宅庭院设计

低层独立式住宅庭院绿化，在一定程度上反映主人的性格和兴趣。一般而言，庭院绿化中都十分注重创造美的境界。无论是花草树木之间的配置，还是与建筑环境的配合都要讲究比例、尺度的恰当，色彩的季相调和与变化。

庭院中常用树木、花廊、小品等来创造主景，用框景、漏景表现庭院主题特色，组织分隔空间，形成景中有人、人在景中生活的生动场面，使庭院层次更加丰富，富有生机。

庭院绿化应用自然之理，取自然之趣，用树木、山石、小品的大小、起伏、水声、光线的明暗来体现音乐般的节奏和韵律；用植物、石刻等点景来表现庭院绿化的意境。

2. 多层住宅宅旁绿地设计

多层住宅的宅旁绿地，不同的住宅组群空间产生不同的绿地布置形式。宅旁绿地的形式可开放、可封闭，取决于不同的设计手法。如以隔墙围成的小院具有很强的封闭性，以高平台的小矮墙和栅栏分隔成独立的小院，以绿篱围合的宅旁绿地是开放的、共享的绿化空间。

3. 高层住宅宅旁绿地设计

高层住宅的宅旁绿地设计，可根据住宅建筑布局形式，灵活运用空间，绿地布置可采用集中与分散相结合的形式，在每幢高层的周围空地上设置草坪、树木，围合成相对独立的空间。

第五节　单位附属绿地规划设计

一、公共事业单位附属绿地设计

（一）学校绿地设计

1. 学校绿地设计的原则

近几年来，一些学校提出了建设人文校园与生态校园的目标，学校绿地设计在实现这一过程中将扮演重要角色。

（1）以人为本，创造良好的校园人文环境

绿地建设在校园人文环境的建设中起着重要的作用。园林绿地空间不仅能给师生员工提供学习、工作、休息、交往、观赏、运动的良好场所，而且因园林绿地本身具有的人性、亲切感和鲜明的时代特征会给人潜移默化的教育作用。所谓环境育人，这是最直观的解释。园林绿地以它特有的人文内涵，本身就是校园特色文化的一部分，也可能是学校之所以声名远扬的原因。如武汉大学春季盛开的樱花是校园乃至武汉市富有特色的景观，常吸引大量市民来观赏；南京林业大学校园内参天的鹅掌楸行道树，是校园乃至南京市的特色景观之一；北京大学的未名湖畔，几乎成为北京大学的代名词，是多少莘莘学子梦寐以求的地方。一般的中小学校园也要打造特色的绿地环境，使学生感知大自然，热爱大自然，在优美的绿地环境中受到熏陶。另外，绿地中的建筑和雕塑小品、石景、模型图案等也是塑造校园文化的重要手段。一些校园中的建筑小品具有强烈的动感和深远的寓意，使朝夕相伴的学子沉浸其中，浮想联翩；一些校园中的人像雕塑具有深刻的纪念意义，似乎在向学子讲述一段久远的历史，也似乎在提醒当今的学子应该努力学习，奋发向上；一些校园中用低矮植物修剪成的文字图案更是直接明了地昭示了本校的特色和发展宗旨，也似乎在时刻提醒它的学子不忘本校特色，做合格人才；一些校园绿地中的石景与优美的自然环境融为一体，石景上镂刻的文字更是起到了画龙点睛的作用。

（2）以自然为本，创造良好的校园生态环境

我国传统的四大书院都是建在依山傍水、自然环境优美的地方，现代校园也应是一个富有自然生机的、绿色的良好生态环境。校园绿地规划应强调绿色环境与人的活动及建筑环境的整合，体现人与自然共存的理念，形成人的活动能融入自然的有机运行的生态机制。规划时应充分尊重和利用自然环境，尽可能保护原有的生态环境，树立不再破坏生态环境的意识，对已破坏的生态环境要尽可能补救，使其恢复到原有的平衡状态。对于坡地、台地、山地，要随形就势进行布局，尽量减少填挖土方量。对原有的水面，要尽可能结合校园环境，使其成为校园一景，有些学校将仅有的水体填埋建成铺装广场，这是很不足取的。

校园园林绿地应以植物绿化美化为主，减少大广场、大草坪等硬质景观和单一植物景观，减少小品、道路、广场等，增加植物造景，增加群落景观在校园园林绿地中的应用。要重视自然生态群落构成、不同生态群落类型特点、园林植物新品种的特点与应用等，使得校园园林绿地更加亲近自然。在具体的植物选择上要符合生态学原理，充分体现生物多样性原则，并尽可能创造多样的生境。

2. 学校绿地分区规划

学校校园内一般分为行政办公区、教学科研区、生活区、体育运动区等，由于每个分区的功能不同，因此对绿地的要求也不同，绿地形式要根据分区特点相应地有所变化。

（1）学校入口及行政办公区绿地

学校入口区是学校的门户和标志，因此是校园绿化的重点，又分为大门外和大门内两个部分。大门外的绿化要与街景协调，一般对称或均衡布局，规划条件允许时可以布置草坪和装饰性绿地（如有的学校在大门两侧做装饰性色块），但绿地不能阻碍师生和车辆通行。大门内的绿化应结合校园总体规划进行。很多学校的传统规划是"进门一条路，两边行道树"，这样的行道树应选择高大荫郁的树种，以利师生夏季遮阴；如果与大门连通的不是笔直的干道，而是小广场，则绿地必须与铺装广场的创意相协调。广场上可布置草坪、花灌木、常绿小乔木、花坛、水池和能代表学校特征的雕塑，植物种植除考虑一些功能性因素外，还要注意美观、活泼、大气，一般不可过密，以免遮挡主体建筑物（教学主楼或行政办公楼等），也不利于学生的交往和开朗空间的形成。

学校行政办公区绿地一般应略显庄重，构图上要简洁、大方，常配置常绿树种作为主调树种，也可适量配置一些落叶乔木、常绿花灌木、草坪、花坛等。有些学校由于绿地空

间不足而在此区域的硬质地面上布置大量盆花，有些学校在此区域布置大量的桃树、李树，寓意"桃李满天下"，都是不错的选择。

（2）教学科研区绿地

教学科研区的建筑一般有教学楼、实验楼、图书馆等，主体建筑不同，绿地形式亦不相同。这些绿地应为师生提供一个课后休息的安静、优美的环境，一般呈自然式布局，以缓解师生工作、学习的紧张气氛，多注重鸟瞰效果，因此绿地布局时要注意其平面图案构成和线形设计。此区的植物品种宜丰富，叶色宜多变，能对建筑起到美化、烘托的作用。

（3）生活区绿地

该区绿地沿建筑、道路分布，比较零碎、分散，但仍可通过合理布局，形成多样统一的整体。绿地形式宜活泼、自由，树种应多样，并通过乔、灌、草的复层搭配形成立体绿化的格局。每一个组团绿地风格应一致，植物组景可单一，但整个生活区绿地总体上宜丰富多彩，要求季相变化明显，四季有花可赏。林间空地上可布置桌、凳、凉亭等，供学生休息、读书、交流，有条件时还可规划小广场，其上布置若干健身器材和小球运动设施，但不宜规划篮球场等大球运动场地，小广场周边还可布置花架、花台、与环境协调的主题雕塑等景点。生活区绿地中还可散置景石掩映在花草丛中，增添自然气息。

（4）体育运动区绿地

体育运动区的内容包括大型体育场馆和风雨操场、游泳馆、各类球场及器械运动场地等，它的分布应离教学区和宿舍区有一定距离的绿地，除足球场外，应沿道路两侧和场馆周边呈条带状分布，在运动场周边最宜种植较宽的常绿与落叶乔木混交林带，以免影响教室学生的学习和宿舍学生的休息，既可夏季遮阴，又能隔离视线。有的学校在两块运动场地相邻处孤植大树遮阴，在不影响正常体育活动的情况下也是可行的。在运动场的西北面可设置常绿树墙，以阻挡冬季寒风袭击，在设置单双杠器械的体操活动区，可设计疏林以利夏季遮阴；在树种选择上应注意选择季节变化显著的树种，如榉树、五角枫、乌桕等，使体育场随季节变化而色彩斑斓，应少种灌木，以留出较多的空地供学生活动。

（5）休息游览区绿地

在很多大学校园和一些中小学里，都规划了休息游览区绿地。该区绿地一般呈团片状分布，每一个团片也称为一个小游园，供学生休息、自学、交往，既丰富了校园景点，又能陶冶学生情操，是校园美化的集中表现。因此很多学校都把建设此区绿地作为学校上档次、上台阶的一个重要契机。

该区的规划要根据不同学校特点，充分利用自然山丘、水塘、湖泊、林地等自然条件，合理布局，创造特色，并力求经济、美观。该区的布置应以植物造景为主，富有诗情画意，要与周围的建筑环境协调一致。如有的学校内建有梅园，取其不畏严寒、坚韧不拔之意，鼓励师生克服困难，不断进步；有的种植翠竹，形成"竹园"，取其虚心好学、高风亮节的寓意。如果靠近大型建筑物而面积小，地形变化不大，可规划为规则式；如果面积较大，地形起伏多变，而且有自然树林、水塘或临近河湖边，可规划为自然式。规则式小游园可以全面铺设草坪，栽植色彩鲜艳、生长健壮的花灌木或孤植树，适当设置座椅、花棚架，还可以设计水池、喷泉、花坛、花台等。布局要符合规则式要求，如草坪和花坛的轮廓形态要有统一性，单株种植的树木可以进行规则式造型，修剪成各种几何形态，园内小品多为规则式的造型，园路平直，即使有弯曲也是左右对称的，等等；自然式的小游园常用乔灌木丛进行空间分隔组合，并适当配置草坪，多为疏林草地或林边草坪等。可利用自然地形挖池堆山，如地势较平坦，也可人工营造小地形。有自然河流、湖泊等水面的则可加以艺术改造，创造自然山水特色的园景，园中可设置各种花架、花境、石椅、石凳、花台、景石等，但其形态要与自然式的环境相协调。

（二）医疗机构附属绿地设计

1. 医疗机构的绿地组成

医疗机构包括综合性医院和各种专科医院，休、疗养院等，由于它们的功能不同，在绿地组成上也有差别，下面以综合性医院为例来介绍医疗机构绿地的组成。综合性医院是由多个使用要求不同的部分组成的，它的平面可分为医务区和总务区两大部分，医务区又分为门诊部、住院部、辅助医疗部等几部分。

（1）门诊部绿地

门诊部是接纳各种病人、对病情进行诊断、确定门诊治疗或住院治疗的地方，同时也是进行疾病防治和卫生保健工作的地方。门诊部的位置既要便于患者就诊，又要保证诊断、治疗所需要的卫生和安静的条件，因此门诊部一般面临街道设置或靠近医院大门，但门诊部建筑要退后道路红线 10~25 m 的距离，以便有足够的空间供人流集散和绿化布置。门诊部绿地一般较分散，在医院大门两侧、围墙内外、建筑周围呈条带状分布。

（2）住院部绿地

住院部是医院的主要组成部分，一般有单独的出入口，其位置在总体布局上一般位于医院的中部。住院部以保证患者能安静休息为基础，尽可能避免外来干扰和刺激，以创造安静、卫生和适用的治疗和疗养环境，因而住院部绿地空间相对较大，呈团块状和条带状分布于住院楼前及周围。住院部与门诊部及其他建筑围合，形成较大的内部庭院，此区也是医院绿地的重点。

（3）其他部分绿地

①医院的辅助医疗部门。

主要由手术室、药房、X 光室、理疗室和化验室等组成，如单独设置在一幢楼内，则周围需要有茂盛的树木隔离。注意，不得栽植有茸毛和花絮的植物，并保证通风和采光。

②医院的行政管理部门。

主要是对全院的业务、行政与后勤进行管理，在一些大型医院中常单独设立在一幢楼内，周围应有绿化衬托，绿化风格应简洁、高雅，视线应通透。

③医院的总务部门。

属于供应和服务性质的部门，包括食堂、锅炉房、洗衣房、制药间、药库、车库等，周围也应有花草树木掩映。

④医院的病理解剖室和太平间等。

一般单独设置，与街道和其他部分保持较远距离，并用绿化隔离带隔离。

2. 医疗机构分区绿地设计

根据医疗机构各组成部分功能要求的不同，其绿地布局亦有不同的形式。现分述各区绿地规划要求：

（1）门诊区

门诊区靠近医院主要出入口，一般与城市街道相邻，是城市街道与医院的结合部，所以为了防止来自街道和周围的烟尘和噪声污染，有条件的医院可在医院外围密植 10 m 宽以上的乔灌木防护林带。

门诊部一般人流较集中，所以在大门内外、门诊楼前要留出一定的交通缓冲地带和集散广场，这部分绿地不仅起到卫生防护隔离作用，还有衬托、美化门诊楼和市容街景的作用，体现医院的精神风貌和管理水平。因此，应根据医院条件和场地大小，因地制宜地进行绿化设计。

（2）住院区

住院区是医院绿化的重点地段。该区常位于门诊楼后、医院中部比较安静的地段，如果此区地势相对较平坦，视野较开阔，四周又有景可赏就更好了。住院部周围空地可设计小广场或小游园，但小广场上不宜采用过多的铺装。广场内以花坛、水池、喷泉等作中心景观，周边务必要设计座椅、桌凳、亭廊、花架等休息设施供病人室外活动时休息。小游园设计应以自然式为主，游园中的道路应尽量平缓，采用无障碍设计，方便病人使用。也可在局部设计园林雕塑、小品和景石，但这些点景类设施应显得自然、典雅，富有生活情趣，一般色彩不宜太浓重，造型不宜太夸张，切免刺激病人。

住院区在植物配置上要注意以下几点：①要有明显的季节性。在很多大型医院，特别是一些休、疗养院里，长期住院的病人较多，植物的季节变换会让这类病人感受到自然界的变化，使之在精神上比较兴奋，从而提高药物疗效。②植物景观应丰富多彩，乔、灌、草合理搭配，平时要注意养护管理。林下植被不宜太多，以免长势不良、滋生病虫害。草坪植物要合理灌溉，如果灌溉过多，湿度过大会滋生细菌。同时植物配置要考虑到病人在室外活动时夏季遮阴、冬季晒太阳的需要，即常绿与落叶树要有一个合适的比例，常绿树太多，医院环境会显得比较阴森，对病人的心理会产生不利的影响，而且会造成通风不良、滋生细菌。③多选用一些杀菌力强的树种，以发挥绿地的功能作用。一些树种具有较强的杀灭真菌、细菌和原生动物的能力，这些树种主要有：侧柏、圆柏、铅笔柏、雪松、杉松、油松、华山松、白皮松、红松、湿地松、火炬松、马尾松、黄山松、黑松、柳杉、盐肤木等。

这些植物的合理配置，能形成稳定的保健型人工植物群落，从而达到增强人体健康、辅助治疗的目的。

二、工矿企业绿地规划设计

（一）工矿企业绿地的特点与设计概述

工矿企业绿化和其他地方相比有一定的特殊性，这个特殊性主要是由工矿企业的性质、类型和生产工艺的特殊性决定的。认识工矿企业绿地环境条件的特殊性，有助于正确选择绿化植物，合理进行规划设计，满足绿化功能和服务对象的需要。

1. 环境恶劣，对植物生长不利

工矿企业在生产过程中常常排放或逸出各种有害于人体健康和植物生长的气体、粉尘、烟尘和其他物质，使空气、水、土壤受到不同程度的污染，加之工程建设和生产过程中材料的堆放和废物的排放使土壤的结构、肥力和化学性能都变得较差，这样的状况在目前的生产条件和管理条件下还不可能完全杜绝。因而工厂绿地的气候、土壤等环境条件对植物的生长发育是不利的，在有些污染大的厂矿企业甚至是恶劣的，这也就增加了绿化的难度。因此，根据不同类型、不同性质的工矿企业，慎重选择那些适应性强、抗性强、能耐恶劣环境的花草树木，并采取措施加强管理和保护，是工矿企业绿化成功的关键，否则就会出现所栽植的植物因不适应恶劣环境而死亡、事倍功半的效果。

2. 用地紧张，绿化用地面积少

工矿企业内建筑密度大，道路、管线及各种设施纵横交错，特别是中小型工矿企业，往往能作为绿化的用地很少，因此工矿企业要提高绿化覆盖率和绿地率，必须灵活运用绿化布置手法，见缝插绿，甚至找缝插绿，以争取绿化用地。而且绿地设计要特别注重其生态效益，以植物造景为主，分层绿化，林下植被要丰富，还可以充分利用攀缘植物进行垂直绿化或者营建屋顶花园，以增加绿地面积。

3. 绿化要保证安全生产

工矿企业的中心任务是发展生产，为社会提供质优量多的产品，因此工矿企业的绿化要有利于生产正常运行，要有利于产品质量的提高。企业内地上、地下管线密布；建筑物、构筑物、铁路、道路交叉如织，厂内外运输繁忙，有些精密仪器厂、仪表厂、电子厂的设备和产品对环境质量有较高的要求。因此，工矿企业绿化首先要处理好与建筑物、构筑物、道路、铁路的关系，满足设备和产品对环境的特殊要求，在绿地设计中不能因绿化而任意延长生产流程和交通运输线，影响生产的合理性。

4. 绿化要满足服务对象的要求

工矿企业绿化的服务对象就是本企业员工及其家属，因此在条件许可时，可以从丰富职工的业余文化生活出发，绿地设计中考虑到"绿化、美化、彩化"的要求，适当设置一些景点、景区、建筑小品和休息设施，围绕有利于创造优美的厂区环境来进行。如利用厂内山丘水塘，置水榭、建花架、植花木，形成小游园，自然生动；或设水池、喷泉，种荷花，点缀雕塑，相映成趣。这样的设计不仅在企业内的职工生活区可采用，在一些企业的入口处、生产区和仓库区也可采用，充分发挥绿化在美化环境、消除职工身心疲劳、提高职工工作积极性等方面的作用。

(二) 工矿企业绿化树种选择的原则和要求

前已述及，有些工矿企业绿地环境条件较差，因此对绿化树种的选择有一些特殊的要求。一些精密仪器类企业对环境的要求较高，为保证产品质量，也必须选择一些合适的树种。因此，如何认真选择树种和做好树种规划，是工矿企业绿化中首先面对的问题。

1. 适地适树，选择抗污能力强的植物

适地适树是绿化树种选择的普遍原则之一，但在工业环境下，这个普遍原则具有特殊的含义。所谓适地适树，就是根据绿化地段的环境条件选择园林植物，使环境适合植物生长，也使植物能适应栽植地环境。工矿企业是污染源，特别是一些大型的国有企业，由于各方面的原因，污染情况可能更加严重，所以宜选择最佳适应范围的植物，充分发挥植物对不利条件的抵御能力。要对工矿企业的污染源进行调查和测定，然后在此基础上选择抗污能力强的树种，尽快取得良好的绿化效果，避免失败和浪费，发挥工厂绿地改善和保护

环境的功能。

2. 满足生产工艺流程对环境的要求

一些精密仪器类企业，对环境的要求较高，保证产品质量，要求车间周围空气洁净、尘埃少，要选择滞尘能力强的树种，如榆、刺楸等，不能栽植杨、柳、悬铃木等有飘毛飞絮的树种。

对有防火要求的厂区、车间、场地要选择油脂少、枝叶水分多、燃烧时不会产生火焰的防火树种，如珊瑚树、银杏等，不能选择松柏类含油脂高的树种。

3. 兼顾不同类型的植物，并确定合理的比例关系

工矿企业要形成很好的园林绿地环境，植物配置上必须按照生态学的原理设计复层混交人工植物群落，确定企业绿化的主调树种和基调树种。主调树种和基调树种是企业绿化的支柱，对保护环境、美化企业、反映企业的面貌作用显著。首先，要求抗性和使用性强，适合工厂多数地区的栽植，必须在调查研究和观察试验的基础上慎重选择；然后做到乔、灌、草搭配，耐阴与喜光植物结合，常绿树与落叶树结合，速生与慢长树木结合，并确定合理的比例关系。如常绿树与落叶树相比，各有优缺点，常绿树可以保证四季的景观并起到良好的防风作用，但落叶树种吸收有害气体的能力、抗烟尘及吸滞尘埃的能力远比常绿树种强，所以二者之间的比例最好在 1∶1 左右，充分发挥二者的功能；再如速生树种和慢长树种之间的比例，要视工厂的性质、规模、资金情况、自然条件以及原有植物情况来确定，参考比例为乔木中快长树占 75%、慢长树为 25%，等等。

(三) 工矿企业绿地分区规划

1. 厂前区绿地设计

厂前区包括主要入口、厂前建筑群和厂前广场，这里是职工居住区与工厂生产区的纽带、对外联系的中心，也是厂内外人流最集中的地方。厂前区在一定程度上代表着工厂的形象，体现工厂的面貌，也是工厂文明生产的象征，因此厂前区的绿化要美观、整齐、大方、开朗、明快，给人以深刻印象，还要方便车辆通行和人流集散。

从绿地的整体布局来说，一般多采用规则式或混合式。入口大多采用对称布局，要富于装饰性和观赏性，入口附近的绿化要与建筑的形体色彩相协调，在远离大门的两侧种高大的树木，大门附近要用矮小而观赏价值较高的植物或建筑小品做重点装饰。入口一般与道路或广场相连，要因地制宜地设置林荫道、行道树、绿篱、花坛、草坪、喷泉、水池、假山、雕塑等。广场周边、道路两侧的行道树，选用冠大荫郁、耐修剪、生长快的乔木或用树姿优美、高大雄伟的常绿乔木，形成外围景观或林荫道。花坛、草坪及建筑周围的基

础绿带或用修剪整齐的常绿绿篱围边，点缀色彩鲜艳的花灌木、宿根花卉或植草坪，用低矮的色叶灌木形成大色块或模纹图案。如在广场中心设计雕塑，则雕塑一定要体现本厂特点，雕塑基部可用花灌木点缀衬托。另外，广场的设计在考虑停车空间和人流集散的前提下，要有较大的绿化面积，且广场中以遮阴树为主。

如用地宽余，厂前区绿化还可与小游园的布置相结合，设置喷泉水池、建筑小品、园路小径，可放置园灯、园桌、园椅，栽植观赏花木和草坪，形成恬静、清洁、舒适、优美的环境，为职工工余后休息、散步、谈心、娱乐提供场所，也丰富了厂区面貌，成为城市景观的有机组成部分。

2. 办公区绿化设计

办公区一般处在工厂的上风向，管线也较少，所以绿化条件较好。绿化的形式应与建筑形式相协调，办公楼附近一般采用规则式布局，可设计花坛、雕塑等。远离大楼的地方则可根据地形变化采用自然式布局，设计草坪、树丛等。

3. 生产区绿地设计

生产区是生产的场所，其绿地大小差异较大，多为条带状。由于车间生产特点不同，其周围的绿化设计也较复杂。一般来说，绿化设计要根据生产特点，职工视觉、心理和情绪特点，为车间创造生产所需要的环境条件，防止和减轻车间污染物对周围环境的影响和危害，满足车间生产安全、检修、运输等方面对环境的要求。此区绿地功能性较强，必须根据车间具体情况因地制宜地进行绿化设计。

4. 仓库、堆物场绿地设计

仓库区的绿化设计，要注意到以下问题：

第一，要考虑消防、交通运输和装卸方便等要求，因此绿化布置宜简洁，在仓库周围要留出5~7 m宽的消防通道。

第二，要选择病虫害少、树干通直的树种，分枝点要高。

第三，选用防火树种，禁用易燃树种。

第四，仓库的绿化以稀疏栽植乔木为主，树的间距要大些，以7~10 m为宜。

第五，地下仓库的上面，根据覆土厚度的情况，种植草皮、藤本植物和乔灌木，可起到装饰、隐蔽、降低地表温度和防止尘土飞扬的作用。

第六，装有易燃物的贮罐周围应以草坪为主，防护堤内不种植物。

第七，露天堆物场，在不影响物品堆放、车辆进出和货物装卸的条件下，周边应栽植高大、防火、隔尘效果好的落叶阔叶树，以利于夏季时工人遮阴休息，且可以与外围隔离。

5. 厂内道路绿化设计

厂内道路绿化是环境绿化的重要组成部分，应满足遮阴、防尘、降低噪声、保证交通运输安全等要求。因此宜选择生长健壮、树冠整齐、分枝点高、遮阴效果好、抗性强的乔木作为行道树。主干道两侧行道树多采用行列式布置，通常以等距形式各栽植 1~2 行乔木，创造林荫道的效果。若主干道较宽，中间也可设立分车绿带，以保证行车安全。厂内一般道路、人行道两侧可种植三季有花、季相变化丰富的花灌木。道路与建筑物之间的绿化要有利于室内采光，防止污染，减弱噪声。

6. 工厂小游园设计

一些大中型的工厂企业规模大，建筑密度小，厂区内会有大片空地，因此一些工厂根据厂区内的立地条件，因地制宜地布置小游园，形成优美的环境，既美化了厂容厂貌，又给职工提供了很好的休息和娱乐的场所。厂内休息性小游园面积一般不大，以植物绿化美化为主，条件具备时可适当设置一些建筑小品，如亭廊、花架、雕塑、园灯、水池、假山、置石等；面积较大的，可将游园建成功能较齐全完善的工厂小花园或小公园，游园内可设置室外音乐场地、舞池、棋牌室、健身场地等。游园的布局形式可分为规则式、自然式和混合式，但一般以自然式居多，如果游园内有山丘、池塘、河道等自然山水地貌，则采用自然式布局。总之，小游园的设计要根据其所在位置、功能、性质、场地形状、地势及职工爱好，因地制宜地灵活布置，并与周围环境相协调。

7. 工厂防护林带设计

工厂防护林带是工厂绿化的重要组成部分，尤其对那些产生有害气体或产品要求卫生防护很高的工厂更显得重要。它的主要作用是滞滤粉尘、净化空气、吸收有害气体、减轻污染、保护改善厂区乃至城市环境等。工厂防护林带设计前首先要考察工厂的污染源、污染物以及污染程度等，然后根据污染物的情况选择合适的树种，确定林带合理的位置、林带的条数和宽度。

第七章　城市生态水景观设计

第一节　城市生态水景观设计的理论基础

一、水景观综述

（一）水的景观特性

水，本身是大自然的一种物质，本身并没有生命，但由于水的形态富于变化，中国哲学家将水拟人化，具有德、仁、智、义、勇、善、平的特性；水又是文人笔下的富有生机和感情色彩的寄托物，亦有柔情似水之说；无数的诗歌、绘画、小说、雕塑和电影都以水为主题。由于渲染，为水增添了浪漫的色彩。水是纯洁、智慧、永恒、崇高和神圣的象征。水对于人类的意义早就超出了其物理的范围，延伸至更深层次的精神层面。在设计水景时要充分理解水的特性、发挥水性生情的优势。还可以利用天象、气候、光照来创造水景情调，如利用光的折射形成彩虹，利用雨声创造"夜雨芭蕉"，利用水流特征发出悦耳的"琴声"，或利用水的柔性及可塑性制造形形色色的水态。总之，水性生情，是由人有感而发的。要善于从游人的角度设计如何亲水、赏水，设计不同类型的水景来激发或引发游人处境生情，从而引起共鸣，使人们在赏景的同时得到一种艺术的感受，陶冶情操。从饮水、用水、治水、理水到亲水、玩水、听水、观水，从依山傍水而居到游山玩水而乐，从物理需要上升到感官和精神需要，水的利用价值及其广泛。在人居环境中，水不仅是不可或缺的物质资源，更是美化环境形象、调节城市生态平衡的不可代替要素。

（二）现代城市水景观

1. 城市水景的生态格局

城市水景的生态格局是以自然生态系统为基础的复合生态系统格局。不管是自然水景观，还是人工水景观，在城市中的空间分布都与人类生产生活活动密切相关，是人类长期改造城市自然环境的结果。城市中的自然生态水系和人工化的水景观生态格局，均反映在土地规划和水体利用的格局上。城市生态水景设计就是运用生态学与人工水景观、自然水景观的关系，对城市土地的规划、水体利用的格局进行调控。

2. 现代城市水景观是与生态设计的结合

水是生命之源，在淡水资源严重匮乏的今天，城市水景观的设计不仅仅要满足观赏、丰富景观的使用功能要求，更应该满足生态功能的要求。城市生态系统完整健康是人们赖以生存和发展的基础，城市中任何一种要素的变化超出承载能力时，都会引起城市生态系统的失衡。人类的生产生活活动往往会破坏城市生态系统，一旦失衡就会对城市造成严重后果。城市水景是城市生态系统不可分割的部分，水城共生，如果城市水景的生态功能遭到破坏，必然引起城市生态系统的失衡。一个健全的城市生态系统，水环境安全是必然的要求，这就给城市水景观的设计提出了挑战。现代城市中的水景观设计，不仅应有赏心悦目修身怡情之能，更要有改善局部区域生态环境之效。把生态设计的方法结合到城市现代水景的设计中，充分发挥水景的生态功能才能有效改善城市生态环境。所以说现代城市水景观是与生态设计的结合。

二、城市生态水景观设计的理论

（一）城市水景观设计的生态学透视

1. 景观的生态学含义

生态学是一门研究生物与环境，以及生物与生物之间的相互关系的独立学科领域。生态学中的景观有狭义和广义两方面的内涵。狭义的景观指由一组以类似方式重复出现的相互作用的生态系统组成的异质性地理单元，其空间尺度在几十公里至几百公里范围内，这是宏观的景观；而广义景观则包括出现在从微观到宏观不同尺度上的、具有异质性或斑块性的空间单元。

生态学主要从结构、功能和动态层面上研究景观。从景观结构层面，研究景观组成单元的类型、多样性及其空间关系；从景观功能层面，研究景观结构与生态学过程的相互作用，或景观结构单元之间的相互作用；从景观动态层面，研究景观结构单元的组成成分、多样性、形状和空间格局的变化，以及由此导致的能量、物质和生物在分布与运动方面的差异。

2. 景观生态学的概念

景观生态学是工业革命后一段时期人类聚居环境生态问题日益突出，人们在追求解决途径的过程中产生的。"景观生态学"一词最早是由德国地理学家特罗尔提出。景观生态学是以地理学和生态学为基础的多学科综合交叉的产物，通过能量流、物质流、物种流以及信息流在景观结构中的转换与传输，研究景观生态系统的空间结构、生态功能、时间与空间相互关系以及时空模型的构建等。这使人们对于景观生态的认识上升到了一个新的层次。

景观生态学是现代生态学的分支，其核心是研究人与景观的关系，其研究目标是人类生态系统，它是联系植物学、动物学和人类学这些单独学科的研究对象和过程的纽带和桥梁。生态学常常根据研究对象的生物组织层次来划分分支学科。不同的生物组织层次对应于不同的生态学分支学科，景观是处于生态系统之上、区域之下的一级生物组织层次。

景观生态学将生态学中结构与功能关系的研究，与地理学中人地相互作用过程的研究有机融合，形成了以不同时空尺度下的格局与过程、人类作用为主导的景观演化等概念为中心的理论框架，形成强调自然与人文因子相结合的景观规划与管理等实际应用领域。在生态中，景观研究的侧重点在于对自然的保护，以及人和自然如何和谐共处。

3. 城市水景观设计是景观生态学的深度应用

城市生态问题是当代人类最为迫切解决的环境生存问题，只要涉及城市环境就必然延伸到生态。城市水景观设计不能仅仅满足"观看"的需要，必须思考因水的存在而产生的城市生态系统问题，例如：水的生态连接作用，水资源对城市生态系统的作用，用水量与用水方式的不同造成城市环境中哪些有利因素和不利因素，生态景观的意义，等等。

城市水景观设计是通过借鉴景观生态学的研究方法，结合艺术类学科知识结构特性和城市环境艺术特征，形成以水体形式和因此而衍生的城市环境生态现象为景观载体，以合理利用城市水资源条件体现城市景观环境的自然生态特征、文化特征、视觉特征，并发挥水对环境的多种影响、作用的学科。城市生态水景建设主要指防止城市水环境生态破坏、维护城市水环境生态平衡、促进城市水环境生态环境良性循环。景观生态学是以地理学和生态学为基础，以整个景观为研究对象，研究其结构（空间格局）、功能（生态过程）和演化（空间动态）对生物活动、人类活动的影响。用景观生态学的原理，研究城市水景观的设计，使城市景观符合生态学意义，同时有助于解决城市资源、环境和社会发展问题。城市水景观设计是对景观生态学的深度应用。

（二）城市水景观的生态功能

城市水景观具有多种功能。过去人们往往把水景观简单作为美化环境的一种景观形式去理解和认识，随着多学科技术的发展、生态系统的研究逐年深入，人们越来越多地从环境学、生态学、生物学、景观生态学等学科的研究成果中更深刻地理解和发现城市水景对人们生活环境的重要意义。

水是生物群落生命的载体，又是能量流动和物质循环的介质。可以说，水是生态系统的组成部分，与动物、植物、微生物共生共存，水为生物群落提供生命之源；反过来，生物群落净化了水，使得水流不腐，清水长流，形成了自然界的特殊功能，也形成了水体自然净化的机制。

1. 改善微气候

（1）调节温度

水影响城市微气候，城市温度受到空气湿度和城市植被状况的影响，它通过规划用地、建筑与开阔水体、灌溉水面之间的合理布局而得到提高。气温经过水面冷却而形成微风就是很典型的例子，所以夏天的傍晚人们会结伴去湖边或水边乘凉。另有实例显示，水体周围在夏季时气温要比市区低2~4℃，对改善城市气温有着明显的作用，因此，在城市中设计大面积的水并配合种植一些植被，对改善城市的气温是有积极作用的。

（2）调节湿度

水对区域性的湿度也有调节作用。城市空气的湿度比郊区和农村要低，这是由于城市大部分面积被建筑和道路覆盖，大部分降雨成为径流流入排水系统，蒸发部分的比例很小，而农村地区的降雨大部分含蓄于土地、植物和水体中，通过水面蒸发和植物蒸发作用回到大气中来。根据北京园林局的测算，一公顷的阔叶林在夏季能蒸发掉2500吨水，相当于同等面积水库或河流的蒸发量，比同等面积的裸露土地蒸发量多20倍。

（3）调节气流

大的水面影响城市空气的气流交换，产生微风有利于改善市区的空气卫生条件，特别在夏季，通过带状的水面引导气流和季风，对城市通风降温效果明显。由于城市温度高，热空气上升并向外扩散，郊区的地面气团向中心移动，产生城市内的地面风。城市郊区的水库或河流水面使城市中扩散出来的热气团降温下沉，从而形成循环往复的区域性循环气流。这样的气体交换促进了市区污染气体的扩散和稀释，并输入了周围的新鲜空气，改善了通风条件。此外，在市区内的大水面、河道与硬质空间之间，也因为存在较大的温差，产生了局部地段的环状气流。这些水面、河道与滨水绿地都是城市绿色的通风渠道，特别是带状水体河道的方向与该地区的夏季主导风向一致的情况下，可以将城市郊区的气流随着风势引入城市中心地区，为炎热夏季城市通风创造良好条件。因此，在城市内部与周边设计生态水景系统，包括人工的生态湖与人工生态河道在内，对调节城市小气候、改善环境有积极作用。

2. 净化水体

生态水景观可以对轻度的水体污染起到净化的作用。如生态环境良好的湿地对氮、磷都有明显的净化作用，通过植物根系对有害物质的吸收或通过水体微生物对有害污染物的分解，都可以达到有效地净化水体的作用。

3. 保持生物多样性

当城市内或城市周边的湖岸、河流边界和湿地贯穿起来，便形成了鸟类和动物的栖息地，给动物提供自然食物的来源。这样生态水景观系统会很好地保护地区的生物物种的多样性，并改善因人类建设自己的家园对许多物种难以生存濒临灭绝的现象。水是生物群落生命的载体，为生物群落提供生命之源，良好的生态水景可以保持水生动物、植物和水生微生物的种群和数量，同时这些水生动植物作为食物链的重要部分供给水鸟和其他哺乳动物，因此，生态水体对生物链的连续有着重要的意义，对保持物种多样性起着至关重要的作用。

4. 健康作用

由于山泉、溪流和瀑布等地带水分子裂解而产生负离子氧，负离子氧被吸入人体后，增加神经系统功能，使大脑皮层抑制过程加强，起到镇静、催眠、降低血压的作用。电负荷影响人体的电代谢，令人精神焕发，对哮喘、慢性气管炎、神经性皮炎、忧郁症等许多疾病有良好的治疗作用。

(三) 城市生态水景观设计的内涵

1. 城市生态水景观设计的概念

城市生态水景观设计以水为城市景观设计的载体和主题，对环境进行系统的物理功能、生态意义与精神价值的营建活动，使环境更适合人的生存与社会活动需要。城市生态水景观设计不仅限于以水造景和借水为景的视觉景观作用，更为重要的是，由于水系统的引入，水对于整个环境系统的丰富与改变将起到关键的作用，植物、动物、空气、土壤、气候都将受到影响，对场地环境的未来提供更多变化的可能，使环境具备多种生命体生长的条件，并在生长的过程中呈现旺盛的生机和丰富的视觉现象。

2. 城市生态水景观设计的原则

(1) 外在观赏性

城市景观是供人观赏的，因此设计首先要满足艺术美感。真正做到"生态景观"可不是一件简单的事。人们顾此失彼，顾得了"生态"忘了"景观"，忙完了"景观"却找不到"生态"。事实上，"景观"一词已被当成一种能给人们带来美感带来回味无限的艺术，也就是说，景观离了美，就不成其为景观。城市水景观的设计形式多种多样，如流水、落水、跌水、静水、喷泉等。即使是同一种形式的水景观，也会因配置的不同形成大小、高低、急缓不同的水势。在对城市水景进行设计时，首先要考虑环境的因素，水景的形式和价值尺度要与区域环境相协调。一个好的城市水景观设计不仅要有和谐的量、度关系，在构图上还要富有主景、辅景、近景、远景的变化。

（2）内部功能性

城市水景的功能除了观赏，还包括戏水、娱乐和健身。随着水景在现代城市住宅小区中的应用，人们对水景的设计已不再满足于单纯的观赏功能，更注重它的亲水、戏水功能。在设计中应适当加入戏水、涉水等的亲水性设置。水景还有小气候的调节功能。小溪、人工湖、各种喷泉都有降尘、净化空气及调节湿度的作用，尤其是它们能明显增加环境中的负氧离子浓度，喷射的液滴颗粒越小，负离子产生也越多，水与空气的接触面积就越大，空气净化效果越明显，使人感到心情舒畅，具有一定的保健作用。在进行城市生态水景观设计时要结合水景观的内部功能性进行方案优化。

（3）环境整体性

城市生态水景是艺术设计与环境工程相结合的结果，它可以是独立的作品。但是一个好的生态水景作品必须和水景周围的建筑风格协调统一，根据水景所处的地理环境、文化氛围、建筑功能进行设计，保持环境整体性是城市生态水景观设计的基本要求。

（4）科学依据性

城市水景观设计虽是艺术创作活动，但最终创作出的富有意境、景色宜人的景观环境又是一项涉及多学科的工程项目，特别是城市水景设计、施工所进行的一定是河渠的开挖、疏浚，设计者必须对项目所在地的地质、水文、地貌和土壤情况进行全面的了解，如果项目在北方还要了解冰冻线深度，对资料缺失或不翔实的进行补充勘察。如果景观水体引自天然水域、水库，或是与防洪、防汛调洪的水利水网相连，应符合水利的规范要求和防洪防汛的需要。由于蓄水引水牵扯到水安全和工程可靠性问题，必须充分掌握可靠的科学依据后方能实施，也为地形改造和水体设计提供物质基础，从而避免发生工程事故。对于与水体有关的水景建筑、水景设施等工程实施，更有严格的规范要求。总之，城市水景观设计关系到科学技术各方面的诸多问题，是典型的交叉学科，交叉的领域有水利学、植物学，以及动物学和生物学等。

（5）经济适用性

城市生态水景观的设计不仅要考虑视觉效果，也要考虑系统运行的经济性。城市水景具有吸引人的特性，特别是动态水景，如喷泉、瀑布、跌水等，不仅对市民、游人具有诱惑力，还起到了极好的展示作用。而水景观的水体、造型、水势不同所需的运行成本（运行经济性）是不同的。在设计时可以通过按功能分组、优化组合与搭配、动与静结合等措施降低运行费用。许多城市往往不从实际出发，盲目地疏浚天然河道，为追求单纯的景观美化，将河道截弯取直；在广场风的带动下，几乎所有城市都建造音乐喷泉，而且一个比一个豪华。遗憾的是，三天热度一过，由于维护、运营费用昂贵，致使占地庞大的水景喷泉常年停摆，甚至废弃。无论设计效果有多么动人美丽，不考虑后期维护管理成本的城市水景观设计都是不可取的。

(6) 地域性与文化性

任何城市都有其特定的自然地理环境和历史文化背景。地域性包括城市水景观个体之间的不同以及地域族群之间的个性两个方面。两者反映在水景设计上，就是城市的水景观设计元素和结构的差异，进而，反映在城市与城市之间的整体水景观设计特征的差异。城市文化性指的是城市具有独特的文化特征。由于民族风俗与地理环境等综合作用，在长期的水景营造实践中形成独特的形式和风格，形成了每个城市各自特有的水景观特征。正是城市的地域和文化特性，造就了千姿百态的城市水景观。设计师应当尊重传统文化与当地乡土知识，尊重当地居住者对环境和生活的需求，在深刻认知地域文化的基础上进行创造性设计。

(7) 仿效自然

现代城市水景观设计，无论水体构筑物及其环境如何人工化，其形成的水态形状都是来自水本身的自然之态。大自然中，从江河、湖海到地潭、池溪，水体多种多样，水态丰富多彩。分析整合这些水体水态并运用到现在城市景观设计中，能给人以亲近自然的感受。

3. 城市生态水景观设计的艺术表现手法

勤劳智慧的中国古代劳动人民的理水造园为城市水景观的设计提供了许多经典的范例。在现代水景观艺术中，藏引、限定、声色、光影等技巧的运用更为现代设计者所驾轻就熟，尤其是现代的光、声、电等技术的运用，比之古代仅利用原生声响又是不可同日而语的提升。

(1) 形

城市水景，无论是动态的水还是静态的水，其形态都是随着水体的形状来定的。尤其是静态的水，都是以湖、池、潭、塘为稳定水体的，就是说，湖、池、潭、塘作为容器的形状，决定水面的大小、形状与水的景观。

①动态水体的形。

城市动态水体的形比较复杂，分为喷、落、跌、滚、流等类型。动态水体的形状并不像静态水体那样完全取决于承载它的容器，其形态受到喷水口、喷水组合方式、压力的大小、喷嘴旋转度、喷出方向和角度等一系列因素的影响。而落水和跌水除受到出水方式的影响外，还受到构筑物形态和受阻物设置的影响。

②静态水面划分。

城市水景的湖泊和池塘不管是自然形成的还是人工建造的，都应具有岁月演变成的自然形态，优美动人，浑然天成。但较大的水面，边际线和水型对观者来说变得十分模糊，最多只能看到局部的水际线。对于城市水景设计中较大的静态水面可以多设置岛、半岛、洲等的斑块或是堤、桥、通廊等的廊道，这样划分水面，既扩大了空间感，又增加水面的层次与景深，增添了水景的景致和趣味。城市公园也多采用划分水面的办法来组织较大的景观湖泊和池塘，使水面形态和水体空间更加丰富，更富有变化和趣味。

（2）声

"非必丝与竹，山水有清音"。水声是形成城市空间感的重要因素之一，可以引起人们无限的想象。水景的设计包含音响的设计，运动着的水，不论是流动、跌落还是撞击，都会发出美妙的音响。涓涓细流、断续滴落、噗噗冒泡、喷涌不息或是浪涛澎湃，都是那样迷人。

利用水的自然声响而成景，或是用水声来增添意境、烘托艺术气氛是水景观设计手法之一。集多种现代科技于一身的音乐喷泉，不仅音乐配合和声控音乐惟妙惟肖，而且随着水体的翩翩起舞，喷泉水池成了一幕幕的舞台表演。

作为水景艺术的一部分，悠缓的滴水声、叮咚的泉水声、潺潺的小溪声以及轰鸣的瀑布声、激流的浪涛声等，构成水景观丰富多彩的音响效果，既可以单独使用，也可以组合使用，运用得当，会使整个城区富有生机和神韵，而使整个水景具有高远清雅的境界。

（3）光

光与影的艺术。水具有反射和折射光线的特性，水平台镜、倒影重重，建筑因水影更富情趣。在中国传统水景中借助光影手法进行设计有悠久的历史。波光粼粼的水面，利用水面的倒影借景，既能丰富景观的层次，扩大视觉空间，还能增强水景的韵味，产生一种朦胧虚幻的美感，是水面造景的一种手法。利用阳光的投射，在水体中形成光束和逆光剪影，也是光影手法之一。水中或岸边的景物，被强烈的光线投射，或是被逆光反射到水面，呈现景物面的深暗和清晰的轮廓线，出现剪影甚至版画的效果。水景周围的建筑物相互之间，无论是组合色彩上的不协调或是单调，只要倒影在水中就会形成统一的色调，通过水波的作用使整个画面的色彩变得丰富起来。由于倒影概括整合了水景周围的景物组合，反而使整个水景更加统一协调。

（4）色

科学概念上讲，水是无色无味的。但是现实世界中，水中总是含有不同的色彩，例如，海是蓝色的，河、湖、池塘的水是绿色的。城市空间中的水景在建筑物环绕中起到点色破色的作用。

①环境配色。

利用水景周围的景物的色彩直接反映到水色上，水面反映出天光云影，还有环境景物，使之与整个水景的设计色彩相协调。一方荷塘随着晨昏和四季变换着色调，使水景环境展现出无限的生机。

②色彩补偿。

景观水体给人的感觉是单调的，特别是城市人工水景观，如喷泉、景观泳池等，水质纯净，水中产生色彩的介质消失，又不能依靠水景周围的景物的反射产生色彩，因而就要对池壁和池底进行着色。还可以根据环境绘制各种图案，使水景更具装饰性。水景周围地面的铺装，如果能与水景色彩形成烘托、对比，会使水景收到更好的环境效果。

③水中加色。

通过在水体中放动植物，为水增色。这种方法安全环保，还使生态环境充满生机。动物添色多采用放养金鱼或是各色搭配的锦鲤等。植物添色，一般采用各种水生植物，特别是漂浮植物和沉水植物。沉水植物可以间接映出色彩，浮水植物就可以直接覆盖水面，给人们色彩的视觉冲击。

④光的渲染。

城市水景的光色分为自然光和人造光，自然光主要是借助太阳丰富的光照变化渲染水体；人造光主要是在水中水旁，也可以是在水面上方的景物上。

第二节　城市生态水景观的分类设计

一、城市人工生态水景设计

(一) 城市人工生态水景设计形式

1. 城市人工生态流水景观

城市人工生态流水景观是在无自然水体的场地环境中进行水景设置，对于原场地的生态景观格局有嵌入性影响，可根本性地改变原景观状态。人工流水景观设计要根据场地的生态条件、原景观系统的健康状况、地形、地貌、空间大小和周边景观情况，考虑水系引入的生态作用、动植物生长与控制要求、水体规模、流量、流水线性、沟渠形态、环境微气候以及其他自然景观和人工景观的相互对应关系，并利用生态系统的相互作用，形成较为独立的小流域生态循环。城市人工流水景观多以小规模流量进行设计，在形式上注重线条与池面的结合，做到张弛有度，更好地体现水在环境中的景观作用，并结合桥、建筑、景台、道路、植物和地形变化，表现城市人工流水景观的景致。

2. 城市人工生态静水景观

城市人工生态静水景观是以人工的湖泊、水库、水田、池塘、水注等为主的景观对象，静水景观是城市环境中最为常用的水景形式，具有观赏、养殖、蓄水、玩水和供人运动等景观功能。城市静水以其可塑性、长久持续的生态培育功能和相对稳定的水文状态，人为地形成各种静水水体，给予人类生存和利用水资源的种种可能，并借助其典型的资源特性建立优质的人居环境。作为景观，具有其他水景无可代替的景观作用和风景价值。可望：平滑如镜的水面映照着环境中的各种物象，满足各个视角的影印观赏；可居：丰富稳定的水资源是生活必需的要素，并使得气候、湿度以及随机形成的各种生态系统，成为人居生活所需的优越基础条件和物质来源；可游：蜿蜒的水岸、葱郁的植被、清新的空气、健康的生态环境，供人们尽情游历景致和体验空间；可玩：稳定的水位涨落规律和平静的状态，给予人们更多近水、涉水活动的内容。由于诸多特定功能优势和较强的可控性，以及不同规模的灵活性与环境的适应性，使得静水景观在公共环境中得以广泛应用，成为区域社会生产、生活，生态系统和环境综合景观中的重要基础条件。

3. 城市人工跌水景观

跌水顾名思义即跌落的水，是水景设计中常用的形式，它是流水景观的演变。在城市景观设计中最常见的是瀑布和叠水。无论是瀑布或是叠水在设计上都有同样的要求，同属以立面水景为主的景观体。瀑布是地形较大的落差变化，使平静的水流呈现直落或斜落的立面水流；叠水是地形成阶梯状的落差和地方的凹凸变化，使水流层叠流落而成。跌水不仅可视，并且可听，不同的跌水形式会造成不同的视听效果，跌水设计要考虑水声因素。

4. 城市喷水景观

喷水景观是在受外力作用下形成的喷射现象，由喷头将水射入空中，形成水滴洒落而下，滋润土壤、灌溉植物、净化空气，构成形式丰富，具有较强生态作用的景观现象。由于景观作用不同，通常观赏性的喷水景观称为喷泉，对于以灌溉功能为主的喷水景观形式称为喷灌。无论是喷泉系统还是灌溉系统都是由水源、喷头、管道和水泵等部分组成。

喷泉是城市环境中常见的人工水景形式，其多变的造型、可调节的喷射方式，备受观赏者和设计者青睐。喷泉的形式种类繁多，以形状分类有线状、柱状、扇状、球状、雾状、环状和可变动状等，以规模分类有单射、阵列、多层、多头等，以合成可控喷泉分类有时控、声控、光控等，以喷射方向分类有垂直喷射、斜喷、散喷等，从景观构成方式分类有蓄池喷泉、旱地喷泉和水洞喷泉等。

城市喷泉景观和绿地喷灌属于小型人工水景，由于体量小、营建系统相对简单、景观效果好、可控性强，对微环境具有良好的生态作用和温度、湿度调节作用，被广泛利用于城市环境美化、绿地灌溉、城市清洁、工业生产、城市消防等，如景观喷泉、街道清理、工业降温、空气除尘、消防喷淋等。

（二）城市人工生态水景的场地作用

1. 间隔作用

以人工的沟、渠、池为载体，对场地环境进行有效划分，改变原有场地景观的生态格局，合理控制场地分区关系、交通关系、动植物种类布局关系和视觉关系，使场地景观内容更加丰富，生态景观特征更加明显。

2. 主题标识作用

主题标识作用是指在城市中设计大体量的静态水体和以喷泉、瀑布等动态水景，这类水景在城市景观中不管形态、体量还是效果都比较独特，在城市环境中具有地标作用和主题象征意义。在设计时要强调水景观形态的地域文化性和独特性，突出表现水景形式的典型性和主题性。

3. 点缀作用

点缀作用是指以小规模、小体量的水景在场地中进行具有视觉效果和生态功能的点缀性应用。水景形式多体现在水与环境相映成趣的灵动性、趣味性，在运用手法上，动态和静态水体都被采用。点缀性水景在场地中发挥辅助配景的作用，是由视觉引发的精神感受。东方造园思想中的一种境界追求的是以不变应万变，在中国山水艺术中表现得淋漓尽致。在水景观表现形式上常用瀑布、池塘、水洼、溪流、涌泉、跌落等方式表现。在设计上注重水景和生态环境的融合。

4. 底衬作用

在城市建筑物和景观对象周围，以水环绕或将水作为配景，以其多变的色彩衬托出主体景观的形象。这类水景形式主要根据主体景观对象的体量、色彩、形态、所处地形环境特征，以及景观视距、视角等因素进行设计，在设计上注意以陪衬为主，切勿喧宾夺主。

5. 亲水作用

在城市人工水景环境中，应适当地设置玩水必需的条件，满足人的亲水需求。水景的作用不单是供人欣赏，同时也是供人游玩。不同的水景形式可供给人不同的玩赏条件，溪流和池塘可供人嬉戏，瀑布与喷泉可供人冲淋，大面积的水域可供人泛舟等。水景设计的亲水性是让人在观与玩的活动中寻找生活的乐趣。此类水景因人的参与活动的多样而延伸出丰富的形式，无论静水、流水、跌水、喷水，还是大型的或小型的水景，都有可被利用的游玩方式。在设计上要根据人对不同水景的形态特征采取的各种行为方式进行合理设置，着重考虑不同的人群在赏玩过程中的安全因素。

6. 软化环境作用

现在人居环境大多处于被改造过的硬化场所，自然土壤表层往往被水泥覆盖。在远离自然的城市中，生硬不变的环境使人愈加迫切地向往自然环境，以丰富的自然现象消解表情呆滞、一成不变的环境所带来的极端心境。水景的注入不仅使生硬的场所有了形态的软化，也使人的内心有丰富的情感。在水景设计中要与环境物象的形态确立对应关系，以对比的方式突出水景观的形态特征，体现可变性与动态因素，削弱硬质构筑物所造成的场地同一性的视觉效果。

7. 改变生态格局作用

无水与人工硬化的环境中，通过对水系的引入，植入异质生态系统，并通过对场地土壤与湿度的改变，构成适宜动植物自然生长条件的场地特征，达到调节场地微气候与生态景观功能的目的，使环境随自然景象的变化而变化。植入异质生态系统与软化环境作用相对应，不仅从景观形态上解决视觉问题，而且从生活需求上解决质量问题。在人工水景观设计中要综合考虑当地的气候条件、场地的限制性和环境的地理条件等因素，因地制宜地设置生态水景系统，对于放养的动植物要控制其生长和养殖的数量、地点、规模，避免生长失控等负面影响，导致控制成本的增加。

（三）城市人工水景的形态比例关系

城市人工生态水景观的形态比例关系是一种可控的关系——先有环境再有水。在城市水景设计要根据场地的地形、地貌、建筑、植被、空地等因素进行综合思考，主动规划水面的尺度的大小、形态和水流状态，以便更好地与周边景物相协调。一般情况下，城市水景在无蓄水和交通运输的功能下，都要以比较小的尺度或因势造景为佳，主要因为：

1. 有利于场地控制

城市人工水景受场地空间的条件限制，小尺度水景的场地占有量小、营造便捷、配景灵活、易于控制。

2. 有利于资源与营造的控制

便于控制造景成本和节约水资源，利用地形特征减少开挖量，用水量小、设备能耗低、构造成本低廉，根据需要调整、修改。

3. 能够建立良好的亲水、近水关系

便于近距离观赏、游玩，易满足人的亲水需要，形式丰富、表现力强。

（四）利用生态条件，建立新的形态和尺度关系

可利用水系的引入形成场地的形态关系；通过对植物的物种选择，改变环境的形态和尺度关系，并使其在生长过程中产生丰富的景观变化。城市人工水景多根据场地的关系和其他景观形态来设计水景的形状、大小、动静形式、供水排水方式、人的亲水方式以及配景方式等。对景比例关系一般采用形态对比、均衡、差异、动静结合、舒缓有致的艺术手法，将场地的平面、立面和立体的景观构图关系与水景的不同表现形式结合，形成多维度的景观效果。可以根据场地内景形态的特征、多少、大小、色彩、高低及远近关系来设置水景形态、尺度和比例关系。有机形态多的环境应将水景设置为相对安静、形态规则的水体；场地开阔、起伏不大、相对集中的环境应考虑用不规则带状溪流进行分割，并结合喷泉、跌水、人工瀑布、植物造景手法，形成平面、立体交叉的、有遮挡掩映的风景关系。

二、城市滨水景观环境设计

（一）城市滨水景观环境设计的范畴

1. 滨水广场

滨水广场就是在水边设置的广场、绿地，它是城市水体景观的核心部分，是城市扩展的景观中有水有绿的空间，应该说是易于组织更滨水化景观的场所。它为城市中人们提供久违了的与水对话的场景，给人工的城市景观增添了趣味。

2. 滨水步道

滨水步道是利用水面和水体的堤岸形成的步行系统。城市中往往利用堤岸建造城市绿化带，用绿化带沿着河岸布置步行系统。这样的步行系统一般联系堤岸的各个景点，在设置同时注意步行道和水面的相互呼应联系，保证人们的亲水性不受到破坏。

3. 滨水公园

滨水公园的领域感较强，其用地通常形成一个向水的坡面，空间开阔，方向感强。滨水公园的堤岸处理很重要，它直接影响环境和景观的品质。通常，滨水公园应尽可能保留

其自然的岸线，尤其是具有生态价值的湿地和天然的滩地。人工修筑的堤岸和防洪堤，也应尽量采用天然的材料，如卵石等，做成自然的阶梯或缓坡，并用绿化带进行护坡和美化。

滨水公园是人们休闲、旅游的理想场所，很多城市滨水岸都规划设计了滨水公园，如青岛的鲁迅公园、重庆的珊瑚公园等。滨水公园考虑的主要是城市空间和旅游的问题，同时还有生态的问题。

（二）城市滨水环境的场地作用

1. 映衬作用

映衬作用是指宽阔、平坦的自然水体上面，影映、衬托岸畔的山峦、植物、建筑、岛屿以及天色等景象。映衬作用分两个方面：一是影映对象，适宜于选择尺度较大、水面相对平静的水体，使岸畔景色较完整地显现出来；二是衬托对象，利用水面不规则的折射关系所呈现出的色彩和肌理效果，衬托岸畔景物，产生色彩和动静的对比，形成具有风景价值又富于变幻的景观环境。要达到良好的映衬效果，必须根据不同的水体特征和场地地形特征进行借景利用。因此选址成为发挥景观作用的首要环节，针对滨江、滨海、滨湖等不同环境条件的优势加以有效利用，使水体的不同状态成为景象特色。设计时应注意水体特性、水面尺度和岸畔景物尺度的影像比例关系，桥梁、道路、植物、山、石等的映衬影像节奏关系与遮挡层次关系，日光映衬与灯光映衬的不同效果等。

2. 连带作用

这一作用来自人类与生俱来的依水生存的规律。集居的群落大多分布于水系的两岸，带状的水成为构成社会关系、维系生命的首要条件。这种生存形式一直延续至今，由生存需要衍生为视觉需要，并以此种方式引用于景观环境中。在水域景观环境中，水以其特有的形态和流动性，将布局分散、构图简单的景观环境和园林景点有效联系，形成一个视觉关系完整、景观内容丰富的滨水景观系统。而各个滨水景观相互间的联系与对景关系必须依赖水系和桥梁形成，产生不同层次的景象作用。在设计上应根据不同场地与水系条件、人的活动需要，以及场地使用定位进行合理规划，因地制宜地设置桥梁、廊道、植物、堤坝和改造河道，并与水的相关要素、特征形成岸畔立面景象联系，使其环绕环境更具完整性、安全性和观赏性。在整体场地系统中，自然水体发挥着纽带与联系的多种作用，往往以面积较大的带状或线状水系为主，突出总体滨水环境的主脉，并采用多种形式，体现其丰富的视觉变化和区域关系。

3. 近水、亲水作用

在不同的滨水环境中体现人的近水、亲水活动需要。人要接近水、玩水必须靠一定的安全设施与条件来实现，如滨水公园、滨水栈道、滨水广场等。不同水系条件可以供给人以不同的玩水行为活动。在场地环境中设置与滨水条件相适宜的、符合人相应活动特征的近水平台、亲水活动区域，是充分利用滨水资源条件发挥亲水作用的主要方式。在设计上应该根据不同滨水环境所提供给人们的近水、亲水活动特征着重设置安全措施、水系清理河道，近水平台、滨水栈道要加护栏和照明系统，浅水区域应平整河床、治理滩涂等避免安全隐患，在人群活动密集的滨水场地应增设各类垃圾箱以免污染水质。近水、亲水作用发挥得越好，城市滨水环境利用率越高，参与活动人群越多，安全与环境生态问题越突出。滨水景观设计要更加深入研究城市环境与人的行为关系。

4. 发展生态作用

发展生态的作用指城市滨水环境中，水系长久养育着当地的生态关系，以自然的法则调节环境、气候、动植物生长的平衡，形成自然景象。作为景观环境，人的欣赏与生活行为活动的介入，必然导致城市滨水环境的改变，这种改变往往主观地从人为活动方面出发，给城市生态环境带来不同程度的破坏。造景不是毁景，设计应从有利于环境生态发展的角度思考。对于城市滨水景观环境设计应该根据场地环境已有的生态优势、水系特征、地理气候特征、人为活动和环境中的不良因素，以谨慎、宽容的态度处理人与滨水环境的共生关系。顺应其长久形成的自然规律，适度开发利用滨水环境资源，在保持原生态环境优势条件的基础上有效发挥调节环境湿度、微气候，灌溉、滋养环境中动植物的生长，优化环境代谢循环等生态作用，使城市环境更加生机盎然。

（三）城市滨水景观环境设计要素

城市滨水环境的生态系统在城市开放空间中占重要的地位，滨水景观的生态设计不能只局限于滨水环境场地的生态设计，要与宏观的区域生态规划、城市生态规划、城市生态设计相结合进行综合设计。生态设计的思维强调对整体的研究，综合滨水环境生态系统与整个城市的开放空间系统进行整体规划设计。

（四）城市滨水景观环境的整合与优化

城市滨水景观环境设计要贯彻自然生态优先原则，保留部分滨水自然生态空间，保护滨水生物的多样性，防止城市滨水生态环境遭到破坏或是丢失；设置居民活动空间时要充分考虑城市滨水区的自然承载能力，建造人、生物、环境和谐共存的城市滨水开放空间。

1. 生态等级控制

城市滨水区因其所在城市中的地理位置、地形因素、自然条件的不同，在城市生态系统中的地位和作用不同，要对城市土地生态分级控制。根据城市滨水生态资源的综合评价、城市生态安全框架的规定，制定城市土地生态分级控制图，对城市中自然生态因子进行分析、整合，提出城市生态评价和生态分区。生态规划区域用地划分为五个生态等级分区：核心生态保护区；保育缓冲区；生态建设缓释区；中低度开发区；中度开发区。根据生态等级分区提出相应的生态建设要求：对于原本生态环境较差的中度开发区侧重改造自然的景观设计，以人工生态景观设计为主，自然生态景观为辅；对于生态环境良好的滨水景观区（核心生态区、保育区、生态建设缓释区）要注重保护自然环境，以自然生态景观为主，辅助设计人工生态景观。

2. 保留滨水自然生态空间

调查城市滨水空间生态资源状况，对空间中核心生态保护区、保育缓冲区、生态建设缓释区进行设计时要尽量保留有动植物栖息的水体，遵循自然生态优先原则，在水体周围设立保护动植物栖息的生境，维护城市自然发展空间的景观异质性，恢复城市滨水区的自然系统功能。

3. 设置市民滨水活动空间

对城市滨水区进行开发利用，要遵循自然生态优先的原则，在保证滨水环境承载力允许的前提下，设置市民滨水活动空间，其相应场所和设施的设置要避开自然生态空间。对于市民滨水空间的位置选择，可根据具体的居民分布情况和城市交通情况综合考虑灵活规划。

4. 治理城市水环境

滨水景观环境设计的前提条件是水体的干净清澈，作为城市滨水景观区人们休闲娱乐活动的主要载体，水体水质的好坏直接关系着城市滨水环境设计营造的成功与否。从治理城市水环境的污染问题入手，保护好滨水景观环境的水质，改善生态环境，从而实现水资源利用和城市滨水环境的协调发展。

5. 重视水体的廊道效应

城市滨水景观生态空间中的水体廊道是指连接城市水体径流、开放水面、湿地、植物群落之间的带状开放空间，它既是生物物种迁移的主要渠道，又对物流、能流的交换起到了重要的作用。通过保持水体廊道的连续性，连接滨水区的绿化空间，保证滨水区物种的多样性、空气的流通性、风的引导性等，从而改善城市环境大气质量，减轻城市空间的污染问题。

第三节　城市生态水景观中的动、植物配景

一、植物配景

(一) 植物的景观功能

植物的生长要靠水，水与植物的景观关系非常广泛和庞杂，许多知识远远超过景观设计的知识框架，在这里只对水与植物在环境中的生态景观作用做简要表述。

1. 生产性

生产性植物景观是指与水发生直接景观关系的、为社会生产与社会生活提供物质资源的植物景观。由于应用面广，对城市景观有较大影响，对环境生态与社会生产、生活有多重作用，不同形态、不同色彩、不同气息给予人们不同希望的丰富景象。纵横交错的水渠，满目葱绿的林地，充满诗意的藕塘，这些景致是自然的力量与人类智慧、勤劳结合的产物，在赋予人们充足的物质资源的同时，又给予人们感官和精神上的满足。生产性植物景观无须刻意地视觉化设计，其形成的景观作用和视觉冲击力却是任何观赏性景观无法比拟的。面对这样的景观环境，设计的作用是利用丰厚的景观资源，更好地发挥景观作用。由于生产性植物景观的特殊功能和视觉感染力，它逐渐被人们引用到非生产性的环境中，如公园、广场、校园、街区等公共绿地的绿化，以此来产生特殊的景观效果。

2. 观赏性

观赏性植物景观是指水体产生直接景观关系的水生植物景观和滨水生长、以观赏性为主的植物景观。在城市人工水景环境和自然河流、湖泊环境中，各种植物与水体构成的特殊对景关系，形成使人流连忘返的景象，并存留在人们的记忆中，成为对某处环境特征的标志性印象。观赏性植物不仅与水景结合成为相互映衬的景观，还具有吸引动物栖息觅食、丰富环境景观形式、清洁水质、形成环境生态循环系统、保护环境水土流失、补充空气中氧气、保护环境生态健康等功能。

观赏性植物景观作用不能靠单一或少数物种实现，无论是水中还是岸畔植物都应多样性发展，才能构成环境生态的多元性发展，才能形成丰富的景观系统。由此可以从符合场地环境生态发展的角度去分析、梳理自然水域和人工生态景观中的植物配景问题，根据环境的生态缺陷、景观缺陷做针对性弥补。这是一种合乎自然生态规律的程序，即水的存在

使得土壤具备多种植物生长的条件；各种植物生长为人与动物提供食物与栖息条件；人与动物的生存活动，促进植物传播和有序发展；各种物种的相互作用，构成特有的城市生态景观格局。

观赏性水景植物可以分为：岸边植物，适合生长在潮湿土壤和气候中的植物，如柳树、小叶榕、水杉、莺尾、萱草等；挺水植物，根系在水底，茎、叶长出水面的植物，如荷花、芦苇、菖蒲、水芋等；浮水植物，漂浮生长在水面、根系在水中的植物，如水莲、浮萍、菱角等；沉水植物，整株生长在水里、少见叶尖和花露出水面的植物，如金鱼藻、虎尾草等。

（二）植物配景的作用

1. 掩映作用

高大的植物可对环境中的景物和光线造成遮掩，形成若隐若现、若明若暗的视觉感受，丰富场地的层次变化和阴影关系，增加环境的空间感，对环境中的水景观、构筑物和不良景观进行遮掩。

2. 构图作用

不论是在城市自然或人工的景观环境中，都会存在景观缺陷，尤其是宽阔的水域——过于平坦的场地和空旷的空间，简单的几条线，构图显得单调、缺少变化；在城市环境中，高楼围合的水景环境，纵横交错的构图显得杂乱无章；规则的人工水景，几何形构图又显得过于简单。这些环境都可采用不同种类的植物配置，对环境的构图进行调整和优化，利用植物形态丰富场地的景观关系。

3. 围合与区分作用

植物在环境中可发挥围合和区分不同空间的作用，以不同的数量、不同的形状和不同的种类划分出不同景观功能的区域。例如在行道边种植物起到隔离分区和视觉导向的作用。

4. 色彩作用

不同植物在不同的季节所呈现的色彩现象各不相同。在水景环境中，植物色彩的变化会直接影响水面的影映关系和色彩变化，同时也给予观赏者不同的视觉感受和心理反应，体现不同的景观情调，并与水构成互为相应的对景关系。

5. 生态延伸作用

植物景观本身就是生态的体现。不仅给环境以丰富的观赏内容，由于植物生长的特征，还给环境带来生态价值和景观价值的延伸。植物有拦截和过滤污染物净化水体的功能。植物的存在补充空气中的氧分，植物的花朵、枝叶、果实给环境带来芬芳的气息；水中的植物给鱼类和其他动物提供食物；岸上的植物给鸟类等提供栖息条件，形成多物种相互作用的景观环境。这些由植物产生的生态景观都给人类生活提供了丰富的内容和环境氛围。

（三）植物配景的设计要素

1. 交通与视线

（1）封闭与通透

对于城市中不良景观，可以通过枝叶茂密的岸边植物种植在道路旁，进行视线阻隔；对景观效果良好的环境，可以在道路两旁种植柳树等高大的树木，使视线可以穿过植物枝干观赏优美的城市水景。

（2）疏密相间

城市中水景环境的景观路径有时会变化复杂或是蜿蜒曲折。植物在选种时要结合环境路线的变化进行配景，形成疏密得当、聚合相间的节奏关系，并根据不同植物随季节的色彩变化配置，从而得到丰富的视觉感受和嗅觉体验。

（3）视线通廊

在城市错落的环境中，人的视线是多方位的、游移的，可以利用植物配置将视线聚于道路相同的方向，形成视线通廊，使人在行进过程中不受干扰地体验曲径通幽的意境，专注于前方的景观。

2. 水岸线

水岸线是水体与岸畔交接而形成的清晰的边缘线形关系。伴随着挺水植物、浮水植物的色彩效果和水面的波动，显现丰富的水岸线形变化，并随着水面的变化产生梦幻般的景观效果。在水中，植物丰富的自然生长形态，使不同色彩应对下的线性关系丰富而生动，因此，水岸线的处理是形成不同视距景观形象的重要手段。

3. 季节

利用植物的季相变化是城市水景观设计的重要手段。季节的自然变化直接影响到植物的生长形态和色彩变幻，使水景呈现丰富的色彩和影映效果，对植物生长周期和植物形态与色彩都有影响。

（四）植物配景的原则

1. 种植原则

植物的选种要依据其生长规律和形态，结合城市水景的尺度、场地空间大小、水域面积、水体动静状态以及原生态景观形式等因素来考虑植物种类、种植地点和种植方式。对于水生植物，要根据水景环境的土质、水流情况和水底情况，考虑采用直接种植或盆栽放置。在城市水景环境中，由于场地条件和水景条件的限制，地面高大的树木种植密度不宜过大，以免造成视觉障碍和行为不便；较小的人工水景应考虑种植少量挺水、浮水、沉水植物作为点缀。

2. 反哺环境原则

无论是陆生植物还是水生植物，对水景环境生态的持续发展都有极其重要的作用。水景植物对生长的环境具有稳定土壤、保护水岸与河床的作用，植物新陈代谢产生的有机物可以反哺环境，环境吸引动物进入，这样就可以形成一条丰富的生态链。植物配景不但要从视觉角度进行配置，还要力求在多物种、多系统相互作用、相互协调的状态下形成健康的景观环境。

3. 控制不良因素原则

植物配置要根据环境条件和状况而定，不能简单地认为绿化即景观，绿化即生态，只是考虑景观效果而忽略植物生长过程中的负面作用，影响环境安全。

（1）安全与行进障碍

城市滨水景观步道的植物隔离带和路旁行道树，不宜种植带刺或枝干尖硬、生长低矮的植物，以免误伤行人。对于植物隔离带、行道树和其他人活动比较密集的地方的植物，要根据生长状态进行修剪整理，避免造成活动障碍。

（2）水系安全和堤岸保护

为避免造成水域生态和水质破坏，对于水中种植的沉水植物和浮水植物，应分区域适量种植，不宜过多；对于生长性极强的植物，如水葫芦、藻类植物等要严格控制。城市滨水景观环境的堤岸不宜种植如小叶榕、黄桷树等根系比较发达的植物，以免树根系顶坏护坡、堤坝，引发渗漏和水土流失，造成坍塌。

（3）健康、科学的植物配置

植物配景不能仅仅体现视觉效果，营造安全、健康、优美的城市水景是设计的目标。城市水景环境也是公共环境，游人聚集量相对较大，对于场地空间的安全意识应体现在各个方面。不是所有的植物都对环境起到有益作用，有些植物种类有破坏环境和危害健康的负面作用。如夹竹桃的叶、皮、花和果实中都含有一种夹竹桃贰的剧毒物质，对人的呼吸系统和消化系统都有危害，在植物配景设计时一定要谨慎。用科学的方法控制植物配景的品种、数量、形态、栽种选址是优化水景环境的有效和必要措施。

二、动物配景

（一）动物的景观功能

水滋养植物，植物养育食草类动物，食草类动物又喂养了食肉类动物，这是一条相互作用、相互制衡、有各种层次的生物链。各种动物的生存活动促进环境良性发展：筑巢使土壤更适合植物生长，活动促进植物的传播，排泄物补充植物和微生物生长所需的养料，由此构成城市生态系统健康发展的格局和秩序。动物是不可或缺的生态系统要素，是人类赖以生存的重要物质资源，为人类提供观赏和垂钓活动。人类在长期与动物相伴的生活中形成了密切的关系，在欣赏它的同时，也在期间进行各种休闲、娱乐活动，体现出不同生命间休戚与共的联系。无论是野生或是驯养的动物，人们都对这些欣赏对象关爱有加，尤其在城市环境中人们为了满足对自然的眷恋，常常在水景环境中饲养观赏性鱼类、水禽、飞鸟和其他动物，以动物的灵动和优美的身影去唤醒人们内心尘封已久的自然性情。

（二）动物配景的要求

由于城市水景的局限性——规模小，可以适当饲养一些观赏性的动物，以各种形态及色彩漂亮的观赏鱼类和水禽为主。观赏性动物对环境生态影响比较小，但正是因为动物的存在，对城市环境的生态健康又是一种检测。城市环境中的水景条件有限，水岸也大多经过人工处理，水域环境的自然弹性比较低，加之城市人流密集，对野生动物的吸引力有限。城市水景的生态营造和景观效果使饲养观赏性动物成为重要的造景手段，以此来弥补城市水景中的生态缺陷，提升城市生态健康程度，加强景观生态特征的目的。

1. 与城市环境生态协调

无论是水中的鱼还是陆上的动物，在引入时都要注重环境的生态协调作用。以环境生态为基础，使城市环境生态保持稳定、协调地发展。只有协调的环境才有美观的生态景观。

2. 控制数量和规模

饲养观赏性动物应该根据环境的生态条件对引入数量进行控制，避免过快繁殖，造成环境生态压力。尤其是鱼类，当达到一定数量时要酌情减量，避免造成大量死亡，污染水质。

3. 注重与植物景观的搭配

植物景观不仅是城市水景的主要配景，也是动物的天然食物和栖息环境，与动物共同构成城市生态景观现象。观赏性动物的引入也要根据植物配景的景象关系、不同植物与动物的栖息关系等进行综合考虑，形成良好的生态运行功能。

第四节　打造创新型的城市生态水景观

一、利用自然雨水设计城市水景

（一）雨水利用的景观措施

雨水利用的配置方式有三类：直接利用、间接利用和直接-间接利用。直接利用表现在雨水收集和处理呈现的景观效果；间接利用表现为雨水渗透等造就的城市保水景观。

1. 屋面集水

屋面雨水收集就是指在屋顶建立生态系统，把雨水汇集起来加以利用。根据系统建立的用途可以分为屋面雨水汇集和屋顶绿化。屋面雨水的汇集系统是把屋顶当作集雨面，经过汇集、输送、净化、储存等方法综合利用雨水，根据降雨量等特点，可在单个建筑物中建造集水系统，或者一组建筑群集中建造一个集水系统。屋顶绿化能够增加城市绿化空间、降低城市的热岛效应、改善建筑的气候、改变建筑环境景观，又具有储水的功能，可以减轻排水系统的压力，避免内涝。

2. 生态调节池

生态调节池就是通常所说的"雨水花园"，就是保留池塘底部的土壤，并在土壤上面种植对污染物吸附性高的水生植物。通过植物和土壤的天然净水功能，沉降或稀释移除水体内的污染物，然后再利用或是排入下游。生态调节池同时具有调节径流和改善水质的功能。

3. 渗透性铺装

地面硬化不透水，给城市环境带来了连锁般的负面效应。要达到城市生态系统的水量平衡，必须解决地下水的补给问题。设计师可以通过渗透性地面铺装来达到这一目的。渗透性铺装可以让雨水渗入地下，同时缓解了城市排水压力。

（二）利用雨水的循环途径打造流动水景观

城市生态水景观设计依据本地气候要素和地形条件，利用雨水的循环途径来打造新颖的城市流动水景观。首先要从场地规划开始，充分了解雨水循环的路径，设计时不要违背雨水渗流的自然条件，在城市地面的铺装上可以采用一些渗透技术或是渗透设施，确保雨水渗透畅通无阻。比如把城市中沥青路面、铺设嵌草的砖换成可以渗透雨水的地面，修建渗水井、渗透管沟等。其次是雨水循环中的城市排水系统的设计，要从发挥亲水性、靠近水源等角度进行，根据地势从高向低的走势开挖水面，选择低洼潮湿的地点，水流等高线斜穿角度要小。例如鲁尔的北边距赫坦中心区一公里的地方发现了这样一条街道，来自屋顶和街道的水流到露天的沟渠内，然后在种草的盆地和开放的洼地里渗掉，或是聚集在蓄水池里。

在利用雨水打造城市水景观时，自然的雨水要融入城市水体的循环系统中，把城市人工建造的水景观与雨水景观融为一体，统一设计，使利用雨水的城市水景观环境生态达到一个平衡，避免城市水景观的生态环境遭到破坏。利用雨水循环系统营造城市流动水景观，要尽量使雨水汇入城市水体源头，使其从上游向下游缓缓流动，对于雨水流经处散落在水体周围的低洼部位，不要刻意规划改造，尽量保持原状，这样塑造的城市水景观人工痕迹更加自然生动。在雨水景观营造过程中，还可以有机地将光影效果、水的音响与流动水的形式结合起来设计，更能给人们以视觉、听觉的享受。城市水景观利用雨水循环的流动效应，为城市中静态的建设物增添许多活力与情趣。

（三）建设雨水收集系统水景观

建设屋顶雨水收集系统水景观，不仅可以增强城市屋顶绿化率和水资源利用率，还可以减少屋顶的雨水进入排水管道，减轻城市地下排水系统压力，从而减少市政设施的投资。我国有些城市雨季比较固定，根据城市生态格局，以建筑群为单位建立雨水收集水景观系统，减少雨水调蓄设备，可以解决城市中水系统水量平衡问题，还起到了美化城市环境的作用。屋顶绿化，就是通常所说的"屋顶花园"，屋顶绿化可以充分利用城市空间，不论是政府办公楼、居民住宅楼，还是工厂、商店，都可以建造这样的屋顶花园，成为城市中的新景色。使在大厦中的人们在工作之余，可以观赏空中花园，比起周围高楼单调的蓝色、灰色、黑色，通常能够缓解疲劳，愉悦心情，从而提高工作效率。在建筑承重量允许的情况下，可以将屋顶花园向大众开放，这里既没有街道上的人来人往、熙熙攘攘，也听不到汽车开过的声音，在喧嚣的都市中享有自己的一份宁静，人们在这里可以散步、聚会、读书、休闲、娱乐。如果在屋顶绿地上种植生产性植物，如花卉、蔬菜、香草等还可能带来一定的经济效益。绿色屋顶除了具有审美价值之外，还有环保和节能等功能。改变建筑的景观环境、降低屋面径流系数、降低热岛效应、改善建筑的小气候，有效减少雨水资源的流失。

（四）结合城市雨水特点营造亲水小区

中国人自古就有择水而居的喜好，不管从心理学还是从生态学的角度看，在住宅小区内设置与绿色植物、雕塑作品有机结合的水景设计作品，都可以使居住环境更贴近自然。

现代城市中，人们所谓的"亲水住宅"的水景在设计上多少都存在些弊端，如小区内的人工河湖，在设计时只考虑当时设计效果，没有考虑到以后的管理成本，造成无人管理、水源补充不及时、维修成本高等问题，时间长了水景干涸、水景无水、水体浑浊、散发异味，失去了水体的灵性，破坏了小区的生态环境。亲水住宅要发展的首要问题就是解决水体的补给和循环问题。因此，在进行亲水小区设计时要遵循经济适用原则，利用天然的雨水或者是再生水系，在小区内构建雨水利用循环系统是最经济生态环保的方式。

城市亲水住宅小区的雨水汇集利用综合系统是根据生态学、工程学、经济学原理，通过自我净化与人工净化相结合，雨水汇集、渗透以及园艺水景观相综合的设计。因地制宜，根据当地自然条件，结合城市降水的特点，遵循经济实用的原则对小区水景观进行开发设计。充分利用小区的雨水汇集系统，将雨水汇集到一处，在小区内开发蜿蜒曲折的水流河道，因水形水势建造水景观。同时，水边的花树植被、山、石、亭、台等都要因地而异、因水而异。另外，设计具有当地文化内涵的景观小品，在形式上构成文化传承的要素，最终使亲水小区具有丰富的水体文化内涵。在营造景观时亲水小区的设计者要充分考虑雨水的沉淀、过滤、消毒等问题，例如把收集的雨水用于小区绿化或是在小区设立免费洗车场，这样不仅节约费用，也能让小区的居民享受到亲水带来的益处。

二、生态驳岸设计

（一）生态驳岸的概念

生态驳岸就是指恢复后的自然河岸或是具有自然河岸"可渗透性"功能的人工驳岸。生态驳岸的可渗透性可以满足水体与水岸之间水分的调节和交换，除了具有防洪护堤的基本功能之外，对水体水文过程、生物过程有增强水体自净、创造生物生存环境的功用。

（二）生态驳岸处理方式

生态驳岸以生态防护为目的，以植物培养为主要手段，在建造过程中采取自然形态的驳岸处理方式。

选用适于本地生长的湿生植被稳固驳岸，对于冲刷不大的区域，用碎石垒砌，植物根系和碎石盘结在一起固定表土层。对于冲刷稍大处，抛置碎石和较大石块，种植湿生固土植被。

对于人们活动频繁或是临近建筑处的驳岸处理可以采用干垒石墙的方法，与建筑结合处要加栓桩。

（三）生态驳岸功能

1. 滞洪补枯、调节水位

生态驳岸就是采用自然材料，形成一种可渗透的界面：在水量充沛时期，江、河水渗透到堤岸外的地下水层并储存，缓解洪灾；在水位下降、枯竭时期，地下水通过堤岸反渗入河，同时起到滞洪补枯和调节水位的作用。另外，生态驳岸上都种有大量植被，也具有蓄含水分的作用。

2. 增强水体的自净作用

生态驳岸把堤内植被与湖泊内的植被统一成整体，构成一个完整的滨水生态系统，植物自身具有生物净化功能可以净化水体。生态驳岸的岸堤上修建的各种鱼巢、鱼道，水体流动会形成流速带和水的紊流，这样空气中的氧就会溶入水中，从而促进水体净化。

3. 繁养生物

生态驳岸的坡脚处设计有高空隙率，流速变化多、生物生长带多、鱼类巢穴多，可以为鱼类等水生动物和其他两栖类动物提供栖息、繁衍和避难场所。生态驳岸上树木繁茂、绿草丛生，不仅为陆上昆虫、鸟类等提供了觅食、繁衍的场所，而且这些植物的枝叶、根系进入水中也为鱼类产卵、避难、觅食提供了条件，形成一个水陆复合型生物共生的生态系统。

（四）河道生态驳岸的设计

通过河道生态驳岸改善河道生态功能，在保证防洪的前提下，沿河岸、水边大量栽种植物，因地制宜地选择适宜当地生长的乔木、灌木、地被及湿地和水生植物，改善河道生态环境。将原本较窄的河道红线放宽，设置主河道、次河道及泄洪通道等不同区域，用高程适当的台地将三种不同形式的河道隔开，每隔一定距离，在横断面上将三条河道沟通，并设置滚水坝，使各条河道存有一定水量，滋养各台地上生长繁育的物种。丰水季节水位上涨，下层台地短暂被淹，这里是水生生态系统和陆生生态系统交替控制的过渡地带，是一类特殊的湿地生态系统。受到水生生态系统和陆生生态系统的交替控制，干湿交替导致土壤中氧化还原的交替和不同微生物群落的周期性交替，加快有机质的降解和腐质化，具有拦截和过滤污染物、净化水体的功能，同时是部分鱼类繁育的场所。但这一区域只能生长同时适应陆生、湿生和水生生境的植物群落，生态系统稳定性较低。通过这种生态型的河道设计，将水域和陆地两个完全不同的环境有机地衔接起来，这里生存着水域里的贝类、鱼类等，也生存着陆地上的鸟类、昆虫类、哺乳类以及水陆两栖动物，形成了物种丰富的生态系统。由于次河道及泄洪通道常年处于静水域或干湿交替状态，与主河道动水域的水边植物形态不同，构成不同的景观。在滨河路、泄洪区与台地之间，可用架空步道横向联系，方便游人在旱季观赏不同区域的景观。

第八章　城市景观设计中蕴含的生态审视

第一节　生态理念与城市景观设计

一、城市景观设计中生态理念的基本内容

城市的景观结构为动态的一个系统，它处在持续的变化与发展之中，它产生的变化是由结构内不同因素改变引发的。在某一些因素产生改变时，它就会借助一些相互规律与作用影响到结构内其他的一些因素。城市生态系统和自然生态系统有很大的区别，不过在发展阶段上也有着大自然生态系统的特性，在发展中也存在着激变时期与平稳时期，即指的是城市的景观结构也为平衡的一个动态。将平衡打破的动力是城市的景观结构内主导的因素产生的变化。主导因素并非恒定的，它随着具体条件变化而变化。城市景观产生的变化是由城市的景观结构内全部的因素改变产生的合力推动的，这一合力作用得到的结构并不是一定与主导因素产生的变化趋势相同，有的时候还会出现相反的情况，所以只有对引起城市的景观变化主导的因素做出正确判断，全方面把握城市景观具备的结构，才可以真正准确地将城市的景观结构内各个因素及主导的因素之间产生的互动作用预测出来，进而正确地对城市的景观发展合力的方向做出预测。只有对具体城市的景观结构加以掌握，充分地认识城市景观发展的合理与主导的因素以后，我们才可以真正地将和城市未来的发展利益最吻合的设计规划制订出来，才可以保障城市的景观朝着合理而健康的方向不断地发展下去。

在设计景观的过程中，假如忽视分析研究具体城市景观具备的机构，容易按照自身意愿对城市景观发展的方向与主导因素做出设定。如此这种与城市的景观客观的发展规律不吻合的设计规划方案，不是被丢弃在一边白白地浪费设计人员精力与时间，就是于实践的过程中处处遇到困难，导致城市的景观结构变得畸形，比如在城市化这一运动上，在建设的过程中不根据实际实施的"欧陆风"建筑，就曾经妨碍了城市的监控发展，在全面地利用与保护城市自然景观方面，产生了无法弥补的损失。

城市属于连续发展的一个过程，时间与空间这两个维度对城市景观环境的变化有着一

定的作用。从空间的角度上来说，居住在城市中的人需要得到景观设计所提供的物质元素。而从时间的层面上来看，人类的存在以及人类创造的一切事务都是有着时间性的，不是孤立存在的。因此，将能够影响城市景观的因素分成三个大类型，分别是人力、自然与社会。自然很好理解，就是城市周边的自然环境，这是城市景观的基础，城市景观的设计都是植根于这个基础上，对此有所装饰和改变即可。这就要求在城市景观的规划过程中，须加入一些美学标准，而这些美学标准对城市景观设计具有重要的意义。从这个角度上来说，地形、气候、植被、水体等共同构成了城市的景观自然因素。

城市景观具备的基本特点：复合性、历史性、地方性。复合性指的是城市中不单有自然的景观，并且还有人工的景观，不仅有静态景观还具备动态景观，城市的景观表现出观察者于空间移动过程中呈现出的连续的一幅画面。整体的城市景观通过一个个局部的景观重叠得到。历史性指的是城市为历史积淀，每一个城市都具备自身产生与发展的过程，它历经一代代人的建设和改造，不一样的时代具备不一样的风貌。城市景观始终是过程，而不具备最后的结果。城市景观伴随城市发展不断地变化。地方性指的是每一个城市都有着它自身特定自然地理的环境，也各自都具备不一样的文化与历史的背景，与在长时间的实践过程上构成的特殊建筑风格和形式，再加之当地的居民具有的素质和从事各种的活动，共同形成了独特的城市景观。

二、城市景观生态系统的构成及特征

（一）城市景观生态系统的构成

城市景观生态系统是由自然系统、经济系统和社会系统所组成的。城市中的自然系统包括城市居民赖以生存的基本物质环境，如阳光、空气、淡水、土地、动物、植物、微生物等；经济系统包括生产、分配、流通和消费的各个环节；社会系统涉及城市居民社会、经济及文化活动的各个方面，主要表现为人与人之间、个人与集体之间以及集体与集体之间的各种关系。

（二）城市景观生态系统的特征

城市的景观是以人为本的生态单元，这也是城市的景观与自然景观最大的区别。城市是人类文明的产物，目前世界上存在着很多超大型城市，这些城市占地面积很广，并且居住的人口也很多，因此对自然生态系统有非常大的改变。而不同地区的城市其生态特征也有所不同。一般城市中的生态系统都是对该地区历史文化的特征与社会经济的发展情况的反映。城市的内部、城市和外部的系统间对能量之间的互换，全都是经过人类的行为进行转递的。城市景观在一定程度上是易于改变的。我们总用日新月异来形容城市的变化，确实城市变化受很多因素影响，因此变化速度很快，而且变化方向很多，由此导致的城市景观的改变速度也十分快。在很多新型规划的城市中，老城区的范围很小，因此对其进行生态改造是极为容易的。而新规划的城市一般都会将生态因素考虑进去，这对生态城市的建设有很大好处。城市景观就是受这种影响才具有不稳定的特征，城市的审美有了变化，就很容易会导致城市景观发生变化。而且现代城市的发展方向是多个城市的连接，因此相邻的城市有时候也会互相影响，导致城市景观发生变化。而从生态系统的角度来分析，城市生态系统是依托于其他生态系统而存在的，因此这也是导致城市的景观具备不稳定性的重要因素之一。

1. 城市的景观具备破碎性

对于城市来说，道路是其必不可免的，并且现在的道路越发繁杂。而在景观中的道路会将整个景观分割开来，这样在观赏者看来，景观并不是一体的，而是分割开来的。这样的建造方法是没办法避免的，也是城市景观与其他景观最大的不同之处。因此在城市景观建造中，应该增加层次感，让观者减少观赏的突兀感。很多的区域都是按照不同功用性分开的，这些区域从城市景观的层面上也能被视为斑块。

2. 城市景观有着层次感

城市属于相对集中的区域并受人为因素影响。对于单核心这一类型的城市来说，从市中心到城市的边缘地区，人类活动强度呈现递减的趋势，方式也随之产生变化，体现在人口的功能与密集的程度等一些方面，这些呈现出梯度性的递变形式。通常市中心建有大型的购物中心，司法、文教、行政部门等也处于这一区域中，朝外过渡是轻工业区、站台、各类院校等，再往外，就是重工业区、居民区、大型公园等布局于此，受不同的自然条件和城市历史的影响，这类梯度性通常都有着不同的表现。

3. 城市景观具备异质性

对于景观而言，异质性是其本质属性。所有的景观都是具备异质性的，城市景观也是如此。从城市景观所具备的生态特点能够发现，所有的这些异质单元所构成的总体就是城市。城市中的异质性是经由人力产生的。就像在城市中的道路、巷弄、绿化区域、桥梁等都是通过人力的方式而建造的。另外，自然生态系统中也会让城市景观产生异质性，例如河流等。

城市景观中的异质性在空间上来说主要体现在地面上。譬如城市中的很多建筑、绿化区域、巷弄、河流都存在着不同的特性、不同的功能。对于城市的绿地系统来说，公园的绿地大部分是人工栽培得到的，属于人工开挖的，它包含在城市"自然"的成分内，能够吸收更多的废气，并且产生更多的氧气。它不仅仅是能够让人观赏，还能够对城市空气进行滤净。即便是属于斑块的绿地，因为存在不同种类的植物，已构成具备不同面貌的绿地异质性。道路主要的作用为通道，它将整个城市景观贯穿，构成很多个大大小小的斑块，进而提升城市景观的异质性与层次感。将城市景观中的某一个要素提取出来研究，其本身也有异质性。例如，在城市公园里有着很多不同的建筑物和植被，这些要素的功能都各不相同，而正是这一切的综合体才能够组成公园。在公园中车行道、隔离带、行道树等也各自具备不一样的功能，使道路廊道异质性得以构成。

城市景观与其他景观最大的不同之处还体现在它具有垂直的异质性。垂直的异质性在一个方面的表现是建筑物具备不同的高度，进而导致在垂直的方向上产生参差不齐的现象；其次表现在空气构成上，城市的景观内人多车多，这导致地面空气内包含很多的有害气体与颗粒物，在高空中这些物质的含量较少。城市中的植被生长情况也并不相同，就像太阳照射到大厦的两面，再通过反射照射到植物上，造成两面的植物生长状况不同。

三、城市景观设计中的生态系统的基本功能

城市景观生态系统中所具有的服务功能是在对城市景观生态进行研究的过程中非常重要的内容之一。城市的水生态、土生态、生物、城郊农业、能源的生产与消费、人居的环境等这些产品生态服务的功能都属于城市景观生态系统的服务功能。

生态系统的交互是通过输入与排出来进行的。自然的生态系统是吞吐二氧化碳产生氧气的工程。在城市中建立自然生态系统是极为困难的，要想在城市建设中保持自然生态，须将人类自身融入自然之中，改变生活观念。这样才能够让自然生态系统发挥能力，维护整体大气化学中成分的稳定和平衡，以及因为多样化丰富生物而构成的自然景观，丰富它所具备的文化、美学、教育、科学的价值。这就是城市生态系统具备的服务功能。正因为这一功能的存在，才能够保证城市景观生态环境的条件可以得到维持与稳固。从农业生产这一角度作为出发点，可以将农业景观分为消费、生产、保护三种，进一步提出生产型、保护型、消费型、调节型这四种类型的生态系统。农业景观必须有一定的产能，而且这种生产机能是通过自我的调节和平衡调节环境获得的，这一调节产生的作用就是景观生态系统所具备的保护性的功能。城市是人类聚集的场所，也是集中消费各种生物产品的场所。这需要其他的景观生态系统将良好生态环境提供出来，将消费生物的生产与保护性的功能过程表现出来，这就是景观生态系统具备的消费性功能。需要同时存在这几类景观生态系统功能，才能够被称为调和型的生态系统。人工管理下的有着经济开发意义的草地与林地系统、农田的生态系统，这些都是具备生产性功能类型的景观生态系统。草地、自然的林地以及一些非人力的景观，全都属于具有特点的保护型的生态方式。而一些城市建筑、矿

场等这些靠人工建造的建筑，都从属于消耗性质的景观生态系统。

如果按照人类社会中所具备的功能要求进行分类，城市中的景观生态系统能够被分为工业和城镇景观、自然保护的景观和自然的景观、农业的景观这三种类别。它们具有的功能特征分别体现在：文化支持的功能、环境服务的功能、生物生产的功能。其中，工业与城镇景观属于再生自生各种类型的人类要素的场所，着重表现在受文化支持的功能。尽管拥有从农业方面获得的纤维、食物、木材的供应等，但也无法缺少自然的生态环境内所提供的水、干净的空气、矿物质元素等的供应。

第二节　生态理念在城市自然景观设计中的应用

一、城市水景观设计中的生态系统

在我国经济发展的过程中，工业化程度越来越发达。在以前的发展过程中，只注重工业发展而忽视了很多自然生态，造成了城市水力资源的极大浪费。同时，我国大多数城市都处在缺水的情况下，生态的系统在逐渐地退化，随之被不断削弱的还有生态的功能。主要由下面三方面体现出来。

（一）城市缺乏水资源，有供水不足的现象

城市每天的工业进程需要数量非常庞大的水，这不可避免地会导致水力供应不足；无法对污水的排出进行监管，这样也就没办法确认生活用水的安全；有些地方水资源分布比较单一，而城市建设中的水力净化设施还不够完善，造成工程性的缺水。例如天津市，天津市位于华北地区，属于缺水型城市。天津的降水量逐渐减少，而城市的规模还在不断增加，从而导致天津市的缺水问题更加突出。天津的海河经历了好几次的断流，而在其周边，并没有能够实际使用的水源，天津的地下水资源也有所减少。而这一切都影响了天津的航运，对建设和发展该城市的河湖景观生态产生直接的影响：河湖受到污染。因为排水的机制是污水与雨水的合流制，于城区内主要的道路下对合流的管道加以铺设，城区的内部不存在处理污水的工厂，所有的污染物质都随着雨水向周边的河流排放，当在雨季时，这种情况就体现得更为明显，产生了很大的污染。

（二）水环境存在污染严重的情况

按照全国统计获得的水环境的质量公报，在我国有超过80%的河流水体的质量都比

IV 类的水质标准差，河道水存在普遍的水体发黑发臭的情况，没有控制好工业污水与生活废水分类处理，普遍存在的随便倾倒垃圾废物的情况，对水体水质产生严重的影响。在整个城市系统内，水域起着提供休息娱乐的场所与提升城市的视觉空间的作用。水量的充足和水生环境的完善良好，不但能够让民众享受到自然的生活方式和安全的生活环境，同样也是城市适宜人类居住的重要标准。

河流是城市中非常重要的自然景观，不过目前在大多数城市中自然形成的河流已经干涸，没有干涸的也受到了很重的污染。河流已经不能作为城市居民生活用水的水源。在河流的岸堤上，都是人工建成的绿化隔离带，这种隔离带并不能够起到保养水源的作用，反而需要在维护绿化用水上花费很多的费用。将草皮作为主要植被，缺少将乔木当作主要植被的层级结构。这一草、灌、乔的结构在分层上能够将其分为地表层与地表以下。在地表以下，不同的植物的根茎有着深浅的分层，可以将强大含水固土的作用发挥出来。于地上，不一样的植物能够根据高度来分层，产生美化环境、调节气候的作用。具备完整层级结构的植被，能够将一定数量的产品持续地提供给我们。另外，植物还具有自我调控的机能，这种机能能够保证其可以与外界的破坏形成对抗。而草坪是目前城市中最重要的绿化设施之一，草坪的根茎很浅，这就使得它无法对地表深处的土壤环境进行改善，同时它调节生态的能力也很微弱。建造草坪不仅使得水力有所损耗，而且会耗费土地的肥力，并且毁坏土质。现在很多城市都建造了人工河，而建造过程中并没有将生态效应考虑在内。人工河的河水在不断蒸发，而两旁的植被并不能够阻止其蒸发过程，因此通过人工河而增加城市湿度的想法是不可能实现的。

自然形成的河流与周围的土壤有着密切的关系，土壤和水体间持续地做着能量与物质间的交换，构成共生的一个体系。于水流较缓的河流之中，动物、植物以及微生物一起构成水生生态系统上的具备层级的一个群落结构。存在于水体内的生物群落，帮助物质在生态系统中真正地做到转化。这个群落是自然生态系统中最为基本的结构，同时还是帮助生态系统完成自我净化、自我调节功能必要的条件。因此，自然的水体能够被当作一个具备生命力、可以持续发展的有机系统。对水体自我调节及自我净化的功能利用与维护好，实现系统自我运行，不但能够帮助系统更加稳固，还能够帮助减少运行花费的成本。

从自然河流转化而成的人工河流，是一种罔顾生态原理的建筑，这中间的一切都没有丝毫的生态关联，属于城市中的孤岛。自然的生态系统并没有完善到能够支持人工河的正常运转。人工河中也没有完整的生物链，在人工河中的生物群落具备的迁移、输出、转化水体系统内物质的能力十分微弱，无法消化很多污染物质，只能坐视人工河的水质逐渐恶劣。甚至有些地方的河流已经枯竭，成为人类的污水沟。

地表水是以河道的方式存在于人们的日常生活中，而河道是为了杜绝洪涝的产生。在降雨的过程中，地表的水向河道中汇聚，借助河道被排流出去，这样可以降低洪涝发生的概率。另外，通过河道的网状分布还可以将本区域中的水资源向周边辐射，能够满足一大片区域的用水要求。所以，自然形成的河流不但能够实现自我净化，河水交相的流动也能够持续地得到更新，保持年年常清、四季长流。

（三）为降低运行的成本，设计者并没有将人工河设计成完整的生态系统

一般都是将人工河设置成环流型，这样做的好处是不管降水与否，人们都能通过人工补水的方法让河水不至于断流。不过这样做的后果是人工河的维护成本极高，并且没有办法经常更新河水，水质下降的速度很快。人工河当然也不可能对洪涝有所作用，甚至自身都无法调节水质。在有些城市中，人工河和人工湖都是死水，其中并没有完整的生态系统，这样的人工湖无法提供正常河流给人类以帮助。相反会造成一些生态问题，滋生很多的蚊虫等。因此应该在这些地方设置正常的自然生态，以保证这些河流能够起到正常的作用。

景观生态学对缀块—廊道—基底的模式做出归纳，这个模式在分析城市的水景观系统过程中也同样适用。在水景观内所说的缀块就是与整体环境并不相同的独有元素，这些元素能够增加景观的层次，并且这些缀块的本身也有一定的观赏价值，例如水库、水池等。廊道则是在河流上面分布的一些不同形状的建筑。基底的意思是河流内有着最广分布、最大连续性的背景结构。上述三类水上景观并不会有十分确定的区别方式，它们的作用往往是混杂在一起，没有特别单纯的某一个实际建筑。比如有些缀块同时也是基底的一部分。

在城市中进行景观设计、规划时会将基底、廊道、缀块结合起来设置到景观中。很显然，水能够帮助城市解决气候问题，不过这只限于中小型城市，在大城市中就无法实现。同时，城市水上景观的设置能够有效缓解热岛效应。水环境的健康能够将生存的空间提供给城市内的小生物，确保城市中生物的多样性得到延续。于特定的情况之下，比如水在气化的状态下会有许多负离子出现，对空气产生净化的作用。

二、城市绿化景观设计中的生态系统

生态城市的建成能够帮助自然与人达到协同共生的程度，也是城市发展的必然阶段，而打造好的生态城市也将是人类有史以来最好的生存模式。现今城市规模越来越大，国家对城市的发展也越来越重视，对城市的绿化水平都有一定的要求，因此很多城市加入了大量的绿色植物。虽然表面上看来这样的方式有助于生态城市的建设，但实际上在整个过程中存在着很多不足，归纳起来大致可以分为：

(一) 规划过程并没有合理设计

由于国家规定的绿化要求对草坪过多地加以铺设，虽然做出很多的努力去改善生活的环境，城市中很多区域都做了绿化，但只是单纯地添加绿色植物，并没有从生态系统的角度出发进行设置。而在很多区域大面积地进行绿化设置，并没有对人们的生活有所帮助，相反还限制了人们的活动区域。很多绿地中并没有设置让人通行的路径，因此人们只能远远地进行观看却无法和绿色相融。

(二) 不合理的结构，缺乏立体层次之上的绿化

在 20 世纪 60 年代，美国建造了第一个空中花园。空中花园的诞生证明了一个新的建筑理念产生了。这种屋顶的架构很大程度上改变了原有的屋顶空置的模式，是特别具有创新意义的建筑方式，同时也能对城市小气候做出调节。我国对此有着众多的认可，但能够利用的土地资源却十分稀缺，这一情况在城市中得到了进一步验证，屋顶的绿化能够将城市存在的人多地少这一问题解决，对绿化程度有很大的帮助。而景观设计过程中应该利用所有合理空间，在地表对乔木、草地等加以栽种；在建筑物的墙面上可以栽种爬山虎等植物，达到最大程度空间利用；在阳台上设计种植槽，方便用户栽植花草；对屋顶进行设计，铺设草坪，栽植矮小花灌木。所以其作用是为绿地系统，必要时对城市的生态系统做出补充的因素。它能够提升城市自身的净化功能，通过光合作用改变城市空气污染的现状。

全球变暖的问题越来越严重，其主要元凶就是二氧化碳。而城市每天二氧化碳的排放量很大，因此大力改善绿化状况是目前降低城市二氧化碳含量的有效方法。另外绿地系统还具有有效地吸收和消减氮氧化合物、氟化氢、二氧化硫、汞和铅蒸汽等多种有毒气体排放的功能。据研究显示，绿色的植物不但可以美化城市、吸收二氧化碳、制造氧气，还能实现吸附尘粒、吸收有害气体、降低噪声这些功能。城市城市的绿地系统能够对有害的气体加以吸收。在整个的工业化生产的过程中会有有毒气体产生，比如在冶炼的企业中就会有二氧化硫这一类的气体排出。而这类气体对人类有很大的危害，并且这种危害是长期累积的。因此在城市中加强绿化，是保障人们身体健康的有效方法。如磷肥厂、窑厂、玻璃厂的生产过程中出现另外的一种含有剧毒的气体氟化氢，这一类气体对人的身体产生的危害是二氧化硫的 20 多倍。所有的草本植物都可以滤除空气中的有害气体，并且效果十分明显。植物还有一个很大的好处是可以有效降噪，宽度达到 40 m 的林带就能够降低 10~15 dB 的噪声，成片的城市园林能够降低 20 dB 以上的噪声，使噪声接近对人体没有损害的程度。城市绿地设计进而真正实现多层次、全方面地绿化城市，让城市建立于森林中。

第三节　生态理念在城市人工景观设计中的应用

一、城市道路景观设计中的生态系统

道路在城市中的地位不言而喻，因此在景观设计中也不能忽略道路。而且道路与城市中的很多建筑是一体存在的。因此对其进行景观设计时要将这种层次感考虑进去。在一般道路建设的过程里，会出现一些廊道，这些廊道会对景观的一体化有所影响。廊道本身具备运输的作用，这一全新构成的景观要素几乎没有生物量存在其中，那么这一系统和周边环境联系起来时，这一系统具备的物理特性就十分容易产生改变，根本谈不上生物学上说的稳定性。简单来说，修建道路工程会减轻景观生态学具备的稳定性功能。对于道路来说，最大的功用在于其通行方便，而这种方便一般会影响景观的构成。首先，道路会造成景观产生碎裂感，这样对景观的设计有很大的影响；其次，它对本地周边生物的多样性产生影响，铁路、公路一般于空间上存在着连续性，相对而言比较直，在这中间会遇到人力的干涉。因此在这个过程中，设计者会采取一些保护的方式让整个物种变成人为性质的种群。

现在的景观设计中一般将道路修改之后产生的廊道设置为景观的内部结构，这样的设置不但不会影响景观的一体性，还增加景观层次，产生一种另外的美感。通过这种对廊道的设置使得整个景观的观赏性最大限度地放大。通过这种边界性的连接，能够产生空间上的观赏性。道路本身也是一个景观，在道路建成后，会产生与其他景观截然不同的景观模式。某些道路工程内比较宏伟的桥梁，渐渐成为当地奇观。当道路在经过一些地方时，就能够互相成为景观。而在修筑道路的过程中，通过对其进行设计建造，能够在最大限度上让其成为一个景观性建筑，当然也应该将景观的效益考虑进去。首先，道路中的桥梁、铁路、公路等是不是可以和周边的景观合适地融合在一起，是不是可以满足美学的规律，是不是可以将赏心悦目的环境形象创造出来，这些都须要做出评价；其次，于道路内，也要注意道路这一狭小绵长的环境，在道路上高速行驶着的列车、汽车等，车内的人们能看到的景物非常有限，因此要对道路的绿化有所重视。

城市中的道路是不可或缺的，但目前由道路而产生的生态问题也不容忽视。汽车的拥有量持续增加，由各种废气产生的环境问题已经严重影响到人们的生活。对于由道路产生的污染问题已经是所有污染项目中非常重要的一类，但是对其的具体解决办法还没有出现。而随着城市中道路的增多，这种问题正日益严重，而这种污染的治理过程也十分困难。

汽车行业的发展也使得汽车越来越普及，而现在汽车使用的能源在使用过程中会排放很多有害气体。而且这种气体自然生态很难对其进行净化，由此也对大气层产生了很大的污染，反过来又对城市本身造成污染。空气中大量存在的悬浮粒子则是和机动车交通过程中将泥土带进城里以及直接的排放有害气体有关。而随着汽车数量的增加，这种污染的程度越来越重。其污染范围很大，并且对人们的生活有非常大的影响。而它的危害方面也不单单会引起人类在呼吸系统方面产生的病变，还有一点不容忽视的是对动植物产生的影响。最为显著的一个实例就是在有着很大交通流量的城市中，它的主干道两侧植物的生长的情况和速度远远不及影响小的地区好，这就是受到多种汽车尾气污染所造成的。汽车尾气中有很多的颗粒物存在，而植物无法对其进行净化，只能被动受其危害。

道路景观引起的交通噪声污染。在城市内汽车是造成道路交通噪声的主要因素，它的污染范围极大，并且有很长的时间效应，因此遭受到这种污染的受众群也极其庞大。此类的噪声是由于汽车的发动机所导致的，汽车在行进中会造成各种各样的噪声，而这些噪声在短时间内根本无法根除。汽车所造成的噪声与道路的具体状况有关系，还和道路坡度、路面种类有着很大联系。据调查显示：一条纵坡是7%的道路在车流量达到1小时1000辆时，它所产生的噪声是坡度在5%道路上的5dB上下。虽然最大的交通噪声声级不会呈现连续上涨趋势，但它却会不断地连续干扰安静的区域，并且它所持续的时间要高于其他的噪声持续时间，这一噪声不但对车内人产生直接危害，还会在很大程度上影响到道路周围的人。

一般对道路的景观设计进行改动时，会将排水方式做一些改动。而这种改动会对生态环境造成致命的影响。我国的道路大概占据城市面积的10%左右，而在发达国家的超大型城市中有甚者高于30%至40%，建设起来的大量的城市道路虽然满足了逐日上升的机动交通需求，但在另外一方面因为径流系数的上升，致使雨水汇流的时间降低。现在城市里的下水道系统替代了自然生态中的沟渠排水方式，这样相当于改变了天然植被自身的净化方式。而在我国南方，很多的垃圾与微粒通过雨水进入湖泊生态系统之中，这又间接造成了湖泊的污染。在我国南方，进入雨水期后所有的湖泊江河都会被动地受城市中生活垃圾的污染，在很大程度上影响到下游地区城市的水质。

城市中的道路大多是柏油马路，这种马路在夏天的时候由于日照强烈的情况影响着道路周围生态与居住的环境，这一情况于南方城市内黑色的路面更加明显，在空气中散发着的气味也对道路沿线的植物与动物有负面影响。因为一般情况下沥青路面使用的年限是8至15年，在使用沥青路面的过程中会出现硬化、老化与变脆的情况，受汽车的反复碾压，这一会致癌的物质伴随扫水车或是雨水的冲刷一并流入下水道，最后会进入湖泊、河流，在很大程度上影响了生态环境。

由汽车所衍生出的污染会对自然生态产生特别大的破坏。汽车轮胎产生的很多物质会对环境造成极大的污染。由于轮胎的组成成分中有硫的存在，因此轮胎磨损的物质会对环境造成不可治愈的伤害。调查表明，轮胎使用一年磨损量大概是 1 千克，以此推算一个城市在拥有 30 万辆汽车时，每一年轮胎产生的磨损物就高达 1500 千克上下，而这些污染物质一般都会流入江河中，由此导致的污染程度难以估计。

道路修建中一些不良的建筑模式对环境的污染。有些城市在道路修建的过程中，不注意保护生态环境，出现很大的人工建筑。这种情况不仅在景观设计上有所影响，还对城市设计造成很大的破坏。通常这种情况出现于山地比较多的城市中。有些城市在道路修建的时候，不注意对环境的保护，在修建地区大量取土，这种情况同样也对当地环境有很恶劣的影响。在这种修建过程中的破坏是没办法弥补的，它主要变成现在对建设道路技术性与经济性的片面强调和对工程建设社会效益和环境效益的忽视。在道路设计与垂直布线方式的过程中，不关注水面上、山上的这一类敏感的生态因素，没有实现有机的结合。另外，因为采用了不恰当的技术措施，导致产生泥石流与山体的滑坡等，它所产生的负面影响有很长的持续时间、很大的影响范围，不但损害了生态环境，还在很大程度上影响到工程建设项目本身的功能发挥情况。

二、城市广场景观设计中的生态系统

（一）应立足于本土文化的运用

不同的民族之间有不同的生活与文化风俗，各个城市与省份之间也有截然不同的文化背景与特色。设计师从本民族城市间找出本土化的特征，并将此运用于广场景观设计中，对本土化的景观游憩处定位，设计创建本土化的景观环境与建筑设计，发挥地方文化特色。

（二）从历史文化的角度出发，使本土化与现代景观设计相融合

景观设计者应该从创新的角度出发，对具体地区的具体情形做深入的研究，最终研究出适合当地的景观设计。景观设计不仅仅存在着生态意义，既然它的定位是景观，就必须在观赏性方面下很大的功夫。在广场类型的城市景观设计中，一般要根据当地的文化背景等因素设置能够吸引眼球的计划。城市景观不仅仅是一种景观，它也具备一定的文化价值，而且在生态效益方面，具有很大的作用。

（三）提高生态建筑的使用寿命

对于拆除的、可再循环利用的各个建筑资源，在不危害安全的情况下尽量使其重复使

用，建筑商也要多开发再生材料和低耗能材料及可替代的产品，使得生态建筑的材料结构更加合理。同时，"人、建筑、自然"三个因素相结合，科学合理地规划布局，提高建筑物的性能，并保持一定的灵活性，加快建筑新技术的钻研速度，大幅度提升生态建筑的使用寿命，站在全局的角度看问题。例如，天津市具有代表性的海河文化广场。因为天津市拥有独特的地理位置和历史文化沉积，海河文化广场依托多条滨河廊道的地缘优势，所以形成了城市文化广场的水缘文化特征。广场设计由高出水面的大平台和下沉于顶部的大平台两大部分组成，中间由高低差的台阶连接，形成不同层次的平台结构设计。天津是具有悠久历史文化的城市，而且以前是作为租界存在，中外古今的建筑风格都有涉及，因此根据这种特质所设计建造的海河广场能够最大限度地体现城市景观设计的优点。

三、城市建筑景观设计中的生态系统

（一）对人文景观的保护

建筑物及周边环境的绿化程度，已经成为评价该建筑是否绿色生态的重要因素，因此，在建筑设计中，既要保持原有的绿地，还要不断开发新的绿地，使建筑的绿化程度持续提高。在绿化措施上，可以考虑多种植树木和扩大草坪面积，增强绿色植物吸收二氧化碳的力度，使空气更加清新，还能够丰富居住环境的景观，保持人与生态之间的平衡。建筑物内的空气要有高质量，通过采阳与通风工程，确保有足够的新风在建筑物内流动。加强保护周边的人文景观，不得擅自破坏文化古迹及有价值的建筑遗址。人文情怀还可以体现在建筑空间内，包括简约的室内设计和富有装饰性的家具、能够反映当地人文历史的书画挂件等。地域文化能够丰富建筑的内涵，提升建筑的品位，给人们带来更多的亲切感、归属感与满足感。

（二）对清洁能源的开发应用

生态景观建筑不仅反映出良好的自然环境与居住环境，还能够反映出人们的生活方式与生活理念。"低碳生活""注重环境保护和生态建设"已经成为建筑的一个特殊的生态标签。生态建筑中的各种耗能应减少到一个很低的水平，无论是水、能源和建筑装潢材料等，都应该得到有效的利用。多开发清洁能源的使用范围，包括风能、太阳能、地热等，减少传统能源的消耗，在环境保护中多出一分力。"低碳生活"的基础重在节能降耗，更是"注重环保"的助推力，在保障人们舒适、健康生活的前提下，尽量用减少能源消耗的方式节约有限的资本能源，大力推广清洁能源的开发与使用。

（三）对布局的合理设计应用

景观的布局朝向应当合理，无论是形体的布置还是内部的构造，都要以采光通风、降低能耗为前提。如今，太阳能的使用越来越普及，这种清洁能源的采集也非常方便，但要有合适的建筑朝向才能使太阳能的利用更加充分。良好的室内采光，不但能减少电能的消耗，还能让人们更多地生活在自然光线中，保持心情的愉悦。室内的通风条件好，则可以保障空气的新鲜，提高人们的身体健康指数。建筑的形体布置尽量不要偏大，这样能够降低夏天制冷或者冬天采暖的能耗。建筑与装潢的材料应考虑到保温隔热的效果，在提升居住舒适度的同时，还能最大限度地节省能源，确保室内环保。

（四）对资源的循环使用

景观生态建筑设计是一个非常重要的概念，是对资源的建设可以重复使用，这一概念也被越来越多的建筑设计师所认可。当一所建筑被拆除时，使用过的建筑材料例如木料、钢筋、玻璃、墙砖等，都要尽量回收使用，在保证建筑物安全性的前提下构成一个良性的循环，最大限度地减少新建筑的成本。一些老建筑的内部结构已经老化，可以加强与利用先进的技术改造，同时满足人们新的需求，也节省了大量的新建筑的建设成本，从一定程度上增加了社会财富的积累，有助于人们生活水平的进一步改善。

总而言之，基于生态理论的建筑设计，既要加强绿化工程，又要注重资源利用，以降低能耗及建筑成本为重要推手，以保障人们的身心健康为核心，结合可持续发展理念，打造安全健康、舒适自然的生活与工作环境，全面提升人们的生活品位。

第四节　生态理念在城市景观设计中的应用

一、城市废旧景观的生态设计改造和利用

工业在现代社会中占据非常重要的地位，而随着工业产生的工业景观学说也大行其道。工业景观概念的出现时间并不早，很多老旧的工业厂区并没有工业景观建筑物的存在，因此要对其进行景观设计的改造。在设计过程中，设计者应该根据实际情况提出改造意见，而不是对其进行全面的整改。

工业化的发展使得人们的生活越来越便利，但对于工业来说，它本身具有很大的污染性，这是工业中不可忽视的一点。近些年来，国家对环境的重视程度越来越高，新的环保法

对大小工业型企业的污染处理有着极高的要求。这就要求设计者要将减少工业污染作为工业景观设计的目标之一。很多老的工业基地在景观设计上一塌糊涂，只是单纯地进行生产，厂区规划也极不合理，甚至有的厂区与居民住宅仅一墙之隔；为了开发，原先的厂区就被废弃，有些厂区被拆迁重建，有些还闲置在那里。工业景观设计中不可避免的一个问题就是要将工业废弃物进行包装，变成一种景观。对于新出现的工业园区，大多在景观设计上有所侧重。其实工业景观设计对于工业发展有极大的好处，不仅能够解决一部分工业污染问题，还能够帮助工业园区与住宅区进行隔离。工业老厂的景观改造更新是在继承老厂现状的前提下，对整个工业区内部的一切建筑物进行重新的架构，最终让其具有一定的观赏性。这样的改造对原工业区来说不仅具有一定的生态价值，而且具备一定的观赏价值。

对于原工业区的景观设计，首先要尊重传统的历史文化，也就是对于原工业区的特色建筑物并不改动，只是对工业区做一定程度的微调。这样的设计原则能够最大限度地保证原工业区的原貌。景观设计者应该在场地的选择上做深入的考虑，在设计中要尽量保证自然生态占据主体地位，现有的设计只是对原有景观进行微调，最终的目的就是要保证历史文化的传承。设计中还能够寻找企业建设的脉络，体会原工业区的企业文化，能够唤醒很多人的年代记忆。其次是要考虑生态因素。工业景观设计并不是在工业区中增加植被，而是要以生态学为根基，通过景观将城市中的一些有害气体进行净化。它的景观是一个特色，但并不是最主要的功用。城市生态设计与其他的环境保护方式不同，它的设计目的非常明确，就是要净化工业产生的污染。通过一些设计一定要让城市生态系统具有较低的维护和自我维护能力。在设计过程中还要考虑的是，景观设计不能改变周边的生态环境，否则会造成生态失衡。城市景观设计中一直贯穿的理念就是可持续发展。因此，对其可持续发展性要在设计中有所关注。再次要遵循综合效益的设计原则。原工业区的景观设计不能将眼光投射到经济利益或者视觉效应上，要将工业区的各种元素都考虑进去，要保证还原工业区的面貌。从这个角度上来说，经过工业景观改造的工业区一定会旧貌换新颜，为工业老厂注入新的活力，并且通过其自身的良性循环带动经济的发展，实现整个地段的经济、社会、文化、生态的全面复兴。

现代工业化对周边环境的要求已经与原先不同。美国近期建成的工业园区与以往的工业园区并不相同，其中的生态环境完全植根于自然，并且这种自然生态系统会帮助企业达到更高的工作需求。从这种工业园的设置能够看出人们对生态的重视程度越来越强。对于国内的老工业区进行工业景观改造，是一个新兴的课题，其中存在很大的挑战。这种改造是要改正原先工业过程中肆意破坏生态的行为。严格来说，工业化的发展不应该是根植于破坏生态系统之上的。工厂的交通梳理及沿路的景观是工厂环境改造或工业景观改造中占比很大的一个部分，而工业区的道路应该考虑多种情况，既要满足生产的要求，又要保证其具有一定的景观性。具体说来，物质景观是载体，生态保持是法则，文化内涵是目标，互相作用叠加一起，共同实现厂区道路的现代景观。

在老旧的工业区中，存在着很多设计上的问题。不论是道路还是生产区与生活区的划分，都有极大的弊病。在这些工业区中，道路建设的目的就是要运输货物。这种要求迫使厂区景观设计中要对动态的景观有所侧重，并且要在厂区加强绿化，最重要的是根据运输车辆的不同设置不同的景观，让工人感受不同，来决定景观的设置和规划。厂区的道路之所以要进行绿化设计，是因为频繁的运输会让尘土等增加，因此应该加大绿化的强度，改善人们的工作环境。绿化是道路建设中不可取代的一环。而厂区的景观设计与城市中景观设计并不相同，因此要考虑工厂具体生产产品的不同来设置景观。不过，绿化是每一个工厂景观设计中不可回避的一环，绿化不仅有助于改善空气质量，也能够为工厂带来更多积极的影响。它还可以让工厂的分层状况有所改善，因此应该根据具体的状况进行绿化设计。再加上在城市的绿化系统内，城市老厂区合理有效地对绿地进行构建，对粉尘与烟尘加以吸滞。工厂内飞出来的粉尘与空气中包含的灰尘是对环境造成污染的有害物质。种植树木之后，树木可以将大量存在于空气内的粉尘与灰尘消除，具有空气过滤与吸滞空气灰尘的作用，它主要通过以下两个方面实现这一作用：一方面，因为树木具备茂盛的枝叶，有着十分强大的阻挡风速的作用，在风速不断消减的过程中，气流内存在的大粒灰尘减少。另一方面，树木上的叶子有着粗糙不平的表面，很多的茸毛，可以分泌出黏性汁液或油脂，能够吸附存在于空气中的很多飘尘与灰尘。

树木的叶面积总数很大，当蒙满了灰尘后的树木在雨水的冲刷下，又可以恢复自身强大的滞尘的功能了。通过调查得出，森林中所有树叶的表面积是森林占地面积的几十倍，净化空气的能力很强，因此要多在工厂周边加强植被建设。而在工厂范围之内的颗粒物浓度是森林地带的一倍以上。由此可以看出，对于空气而言，树木是天然的过滤器。草坪类植物也具有非常高的滞尘的功效，这是因为草坪植物的叶面积和所占地面积相对比，要高达22至28倍。曾经有人做过测试，和不铺设草坪这一类足球场相对比，铺设草坪的场地空气中灰尘的含量要减少2/3~5/6。所以城市的绿地系统于城市交通主要干道与枢纽地区将绿色的隔离带建立起来，能够对城市环境的质量加以改善，提升这一系统具备的稳定性。城市中的绿地系统还有着对放射物的吸滞作用。根据研究显示，在厂矿的周边具有辐射性的污染时，将一定结构绿化带设置起来，能够十分显著地预防和降低放射物产生的危害。各类细菌分布在空气中，而城市中公共场所所含有的细菌值是最高的，植物能够有效地降低空气中包含的细菌数。首先绿化带中空气所包含的灰尘较少，进而使细菌减少。此外，植物本身也具备杀菌的作用，有的树木能够分泌出杀菌素，能将伤寒、肺结核、痢疾等病菌杀死。

二、科学的可持续发展道路

生物具备的多样性作为人类生存及发展的基础，强化保护城市生物具备的多样性，对维持生态的平衡与安全性、对人类的居住环境的改善、对多样性的城市生态系统的恢复与保护、对城市自然的生态环境维持可持续的发展有着非常重要的意义。现今我国的经济发展速度很快，城市化建设的步调越来越快，因此要对城市化做一个宏观的调控，避免城市的进步导致生态系统的破坏。因此建设生态城市就是目前我国迫在眉睫的建设任务。城市景观设计的主要目的是要改善城市的生态环境，而现今状态下，我国的城市并没有形成循环的生态系统，因此在城市化的进程中应该加强城市景观的建造。

设计城市公园本质上就是一个景观的问题。我国的城市在对广场以及公园的设计上面有着很大的进步，由于公园在整个城市中拥有着多种地位，因此在规划的过程中要将生态设计的原则体现出来，其中包含生态的可持续与地方性的原则。在设计城市的公园景观过程中，地方性的原则要始终贯穿其中。这种地方性的原则不单单是要求有物质方面的，还需要有一些精神方面的。换句话说，这种原则就是在建设的过程中不仅要考虑物质条件，还要对人文因素加以考虑，具体的内容为：第一，对地方性的材料适当地运用，对该地区的建造技术、能源加以运用，尤其是要关注运用地方性的植物；第二，要对地方具备的地理景观的特征加以尊重，并在设计景观的过程中体现出来；第三，对有些地方特有的风俗要非常注意，并且将这些特色表现到景观设计中去，同时在设计中还要考虑当地的使用与审美的习惯；关注园区内纪念性的与历史性的景观，对场所加以保护与再利用，以此为基础来开发景观；对当地的风俗有所尊重的同时，也要考虑居民的娱乐性方面。

生态可持续性的原则要求：首先，能够将生物区域性反映出来。其次，应该对地区加以要求，并要利用地区原有的一些生态资源。再次，在能源使用中要着重使用可再生资源，如太阳能、风能等。在景观建设的过程中不引入外界材料，在建筑中主要使用当地的材料。最后，对材料的使用要具有环保的态度，不能在建造过程中造成额外的环境破坏；注意保护生态系统、保护和建立多样性的生物；将自然本身的能动性充分发挥出来，对具备良性循环的生态系统建立并发展起来；将自然条件与人工架构互相结合，最大限度地降低人工的印记。

在城市中建设的公园属于人工化的自然，并且在设计的过程中需要和自然生态相结合，同时将人具备的创造性表现出来。虽是人工，却像是自然生成的，这也是我国古老的生态造园的思想。

在进行城市景观设计时，要注意建筑的主体地位。建筑物不可移动，因此要在设计中重点考虑建筑物的融入感，只有这样的设计过程才能真正保证创造出环境优美的景观。此外，还要从总体上对景观的控制加以考虑。在设计的过程中要注意以下几点：

城市生态系统导致的气候状况。城市生态系统会对当地气候造成一定影响。不管是哪一座建筑都会被所在地域的气候状况所影响，不过在建筑过程中可以主动选择建筑物的朝向、坡度等因素影响下的一些气候状况。它所产生的变化和影响不单单是在日夜之间，更甚者在几米的距离间就会产生不同。建筑内能够获得的热量和热量的损耗情况是由室外温度决定的，建筑外露表面越少，热损失越少，热储存越多。反之则是另一种情况。通风是建筑物一个非常重要的生活要求，只有良好的通风状况才能保证居住者的居住体验。因此，在设计中要重点考虑建筑物的具体状态，这样才能保证不论是哪个季节，都可以做到良好的通风状况。通风一般要求是要自然通风，只有自然通风才能够真正地改变室内的空气质量，而通过一些机器进行通风并不能够保证室内的通风状况。目前建筑物中的通风方式一般是混合型的，也就是对自然通风充分地加以利用，同时对空调系统机械通风充分地加以利用。

可持续地利用资源与能源。在设计生态建筑的过程中，清洁而高效的能源的应用是重要的目标之一。建筑行业是对能源和材料的高消费行业，会高度地污染环境。高的效率就表示着在整个的生命周期内，生态建筑尽量提升使用能源和资源的效率，降低对能源和材料的消耗，积极地使用可再生的材料与洁净的能源，最大限度地降低污染与破坏大自然生态环境的程度。运用洁净的能源就需要我们尽可能多地运用风能、太阳能、地热等无害能源。不过现在很多无害能源的使用技术并不能够满足使用要求，因此要在科技方面对其加以重视，尽早开发出适合人类使用的无害能源。恰当的植物绿化能够对城市建筑中微气候环境加以改善。随着建筑中绿化由地面延伸至楼顶实现的城市的立体绿化，也是最为重要的生态设计的要素。在此之中屋顶的绿化能够有效地提升能源使用的效率。在楼顶栽种植物可以完善城市生态系统，并且能够提高建筑物内的各种空气标准，减少污染带来的危害；与此同时，还能够对空气内的污染物进行过滤。将50%的雨水滞留下来，让它能够以蒸发的形式实现自然循环，因此能够降低对排水设备的依赖感。另外，屋顶的绿化还具备消声、隔音的功能。

　　选择和环境有亲和的建筑材料，这一类耗材具有很强的耐用性，同时后期维护并不困难。耗材本身也不会产生环境污染。在建筑过程中，建筑材料的选用是非常重要的。很多材料不仅对人类的身体有所伤害，对环境的污染也很大。因此，装修时一般要选用绿色无公害的材料，并防止选择一些可能会破坏臭氧层的机器等。目前，装修时已经摒弃了一些对环境有重大污染的材料，不过有一些有害的材料在装修中还是会起到不可替代的作用。因此，对材料的研发与选取是有效降低环境污染、保证人类身体健康的不二法门。

参考文献

［1］刘斌，陈丹．园林景观设计构思与实践应用研究［M］．西安：西北工业大学出版社，2022.

［2］郭宇珍，高卿．园林施工图设计［M］．北京：机械工业出版社，2022.

［3］赵学强，宋泽华．文化景观设计［M］．北京：中国纺织出版社，2022.

［4］李莉，周禧琳．中外园林史教程［M］．武汉：武汉理工大学出版社，2022.

［5］汪辉，吕康芝．居住区景观规划设计：修订版［M］．南京：江苏凤凰科学技术出版社，2022.

［6］王蔚．景观施工图设计实用手册［M］．南京：江苏凤凰科学技术出版社，2022.

［7］王红英，孙欣欣．园林景观设计［M］．北京：中国轻工业出版社，2021.

［8］于晓，谭国栋．城市规划与园林景观设计［M］．长春：吉林人民出版社，2021.

［9］肇丹丹，赵丽薇．园林景观设计与表现研究［M］．北京：中国书籍出版社，2021.

［10］陈晓刚．高等院校风景园林专业规划教材：园林植物景观设计［M］．北京：中国建材工业出版社，2021.

［11］祝建华．园林设计技法表现［M］．重庆：重庆大学出版社，2021.

［12］刘颖，刘亚平．城市水景观［M］．天津：天津大学出版社有限责任公司，2021.

［13］杜雪，肖勇．景观设计［M］．北京：北京理工大学出版社有限责任公司，2021.

［14］赵小芳．城市公共园林景观设计研究［M］．哈尔滨：哈尔滨出版社，2020.

［15］张鹏伟，路洋．园林景观规划设计［M］．长春：吉林科学技术出版社有限责任公司，2020.

［16］陆娟，赖茜．景观设计与园林规划［M］．延吉：延边大学出版社，2020.

［17］张文婷，王子邦．园林植物景观设计［M］．西安：西安交通大学出版社，2020.

［18］张志伟，李莎．园林景观施工图设计［M］．重庆：重庆大学出版社，2020.

［19］杨琬莹．园林植物景观设计新探［M］．北京：北京工业大学出版社，2020.

［20］周燕，杨麟．城市滨水景观规划设计［M］．武汉：华中科学技术大学出版社，2020.

［21］严力蛟，蒋子杰．水利工程景观设计［M］．北京：中国轻工业出版社，2020.

［22］陈晓刚．风景园林规划设计原理［M］．北京：中国建材工业出版社，2020.

［23］宋建成，吴银玲．园林景观设计［M］．天津：天津科学技术出版社，2019.

［24］李群，裴兵．园林景观设计简史［M］．武汉：华中科技大学出版社，2019.

［25］朱宇林，梁芳．现代园林景观设计现状与未来发展趋势［M］．长春：东北师范大学出版社，2019.

［26］李琰．园林景观设计摭谈：从概念到形式的艺术［M］．北京：新华出版社，2019.

［27］黄维．在美学上凸显特色：园林景观设计与意境赏析［M］．长春：东北师范大学出版社，2019.

［28］肖国栋，刘婷．园林建筑与景观设计［M］．长春：吉林美术出版社，2019.

［29］刘娜．传统园林对现代景观设计的影响［M］．北京：北京理工大学出版社，2019.

［30］彭丽．现代园林景观的规划与设计研究［M］．长春：吉林科学技术出版社，2019.

［31］盛丽．生态园林与景观艺术设计创新［M］．江苏凤凰美术出版社，2019.

［32］刘勇．园林设计基础［M］．北京：中国农业大学出版社，2019.

［33］郭媛媛，邓泰．园林景观设计［M］．武汉：华中科技大学出版社，2018.

［34］杨湘涛．园林景观设计视觉元素应用［M］．长春：吉林美术出版社，2018.

［35］路萍，万象．城市公共园林景观设计及精彩案例［M］．合肥：安徽科学技术出版社，2018.